好家，
这样营造

好好住  编著

中信出版集团 | 北京

图书在版编目（CIP）数据

好家，这样营造 / 好好住编著 . -- 北京：中信出
版社 , 2021.6
ISBN 978-7-5217-3119-4

Ⅰ . ①好… Ⅱ . ①好… Ⅲ . ①住宅－室内装饰设计－
案例 Ⅳ . ① TU241

中国版本图书馆 CIP 数据核字（2021）第 081586 号

好家，这样营造

编　　者：好好住
出版发行：中信出版集团股份有限公司
　　　　　（北京市朝阳区惠新东街甲 4 号富盛大厦 2 座　邮编　100029）
承 印 者：北京盛通印刷股份有限公司

开　　本：787mm×1092mm　1/16　　印　　张：20.25　　字　　数：300 千字
版　　次：2021 年 6 月第 1 版　　　　印　　次：2021 年 6 月第 1 次印刷
书　　号：ISBN 978-7-5217-3119-4
定　　价：128.00 元

序言一

对于中国私宅设计，"好好住"有着坚定的信念。

作为专注私宅设计的互联网平台，自成立起，我们便深刻意识到，若要让更多中国人享受到真正的私宅设计，就要让中国的私宅设计行业蓬勃兴旺起来，就要让更多职业设计师精准、高效地找到优质客户。反观在消费市场，业主们也需要一个拥有认证体系的优秀平台去寻找值得信赖的设计师。

基于此，"好好住"团队在2017年建立了职业设计师平台"营造家"，推出了"好好住认证设计师"这一身份。这个身份代表着我们对职业设计师的理解，也承载着我们对中国千百万业主的责任。

我们还发现，除了为设计师提供平台，更重要的是如何为他们提供一个清晰的上升通道，如何让更多设计师相互交流并得到行业前辈的指导，进而脱颖而出，成为设计行业新秀，带动私宅设计行业的发展。

为此，我们创办了"营造家奖"。它是中国首个集民众投票、专家评审、业主提报于一体的专业室内设计大奖，聚焦私宅设计。在赛制方面，我们设置了线上海选投票、全国分赛区专业答辩、专家闭门评审等多轮严苛而公正的评选环节，由此筛选出每一年的获奖作品。

除了坚持专业，"营造家奖"的另一特质是尊重真实生活、实际需求，还有解决问题。我们坚信，最好的设计是为了营造真实美好的居住生活；最好的设计师，是万千美好生活的"营造家"。

"营造家奖"每一年都会提出新问题，是当下设计环境的一次珍贵存影。私宅设计之多元与微妙，不仅体现在专业层面上，还体现在对复杂社会以及人性与心理的洞察上。"营造家奖"不仅是一场专业比赛，还是一种群体性成长、一个设计舞台、一番多方切磋与一次年度观察。

无论是培养消费者的行为，还是撮合私宅设计服务交易、挖掘职业设计师，"好好住"始终将这些视为己任。我们也希望，未来中国最出色的职业设计师是从"营造家奖"走出来的，最出色的行业前辈也都能参与到"营造家奖"中，与我们一同扶持有潜力的设计师。

"营造家奖"是一种信念，也是我们对中国家居设计未来的承诺。

"好好住"创始人、首席执行官
冯骕

序言二

2020 年，是我们举办"营造家奖"的第 4 年，也是"营造家奖"作品集第一次公开出版之年。借着这次出版契机，我觉得是时候向更多人介绍这群国内优秀的私宅设计师了。

我们第一次举办"营造家奖"是在 2017 年，从筹备到举办仅有一个月的时间，一切准备得十分仓促。我们甚至因担心颁奖礼的到场率而承担了所有到场设计师的交通、住宿费用，因为我们不知道一个互联网公司举办的室内设计比赛是否会被业界认可。但颁奖礼结束后，很多人告诉我，这个比赛带给他们前所未有的体验。这些设计师平时在各自的城市孤独地做着理想中的私宅设计，来到"营造家奖"才发现，原来全国各地有这么多对私宅设计师这个职业有执念的人。在这里，他们好像找到了组织。当时，参赛的设计师大多数是个人设计师，设计作品看着虽稚嫩，却能从中看到他们对当时主流私宅设计风格的"不妥协"。那个时候我们就知道，中国不缺好的私宅设计师，只是这些设计师缺少被市场认可、被行业看见的机会。

2018 年，我们做了更多尝试：举办了各赛区的作品答辩会，请专业评审在颁奖礼上现场解读金奖作品，举行小设计周来促进设计师之间的交流等。很多人以为这些尝试是由我们单方面发起的，其实这些来自参赛设计师的反馈。我们第一次举办作品答辩会时，便有 100 多位设计师报名，人数之多直接改变了当年作品答辩会的举办形式。我问了很多设计师为什么会如此热衷于参与作品答辩会，他们说："从来没有一个场合可以听到这么多设计师讲解自己的作品，这个机会太难得了。"通过学习与交流从而提升专业技能的愿望始终在他们心底，他们也从未满足于现状。如今，作品答辩会已经变成"营造家奖"每年最受期待的环节，除了被赋予学习和交流的意义，对很多设计师来说，这也是一个能够让他们站上舞台向更多人阐述设计作品的机会。很多设计师也由此意识到，表达也是职业设计师的必备技能。

我们常常被问到"营造家奖"的评选标准是什么，每次闭门评审时，评审老师们也会不断地问我和冯骕这个问题。每一次，我和冯骕都坚定地表示："营造家奖"的评选需要基于业主的需求、预算、户型、常住人口等实际情况，设计师运用智慧与专业给出最佳解决方案。在设计之外看到业主的生活状态是"营造家奖"从 2017 年起就坚持的评审维度。

有一个设计师跟我说："我在'营造家奖'找到了作为设计师的竞争心。看见大家这么努力，我没有理由停下脚步。"从稚嫩到成熟，"营造家奖"见证了很多设计师的成长，有的设计师从独自参赛变成带着公司团队参赛，也有的设计师蛰伏几年，用一个作品惊艳了所有人。4 年来，我们看到很多设计师不囿于舒适区，在设计的材质、工艺方面做出大胆的尝试。也得益于"营造家奖"参赛设计师们多元的专业背景，我们有机会看到设计师之间相互学习、探索，为私宅设计注入更多可能性。

作为一个平台，我们深知设计师的成长离不开优质的客户、不断提升的专业技能，以及日趋完善的供应链。"好好住"从解决业主实际需求出发，引入私宅设计师这个角色，首先解决了设计师们"活下来"的问题，而后延展出包括举办"营造家奖"在内的各种业内交流活动，以帮助设计师们提升专业能力。有一家设计公司在 2020 年的年会上说，"是'好好住'成就了我们公司"，而我想说，比起"成就"这样一个结果，我们更在乎的是过程中的"陪伴"。陪伴中国私宅设计行业的发展和成长，也是"好好住"一直在坚持的初心。

我们真的在一起做了一件了不起的事情。

"好好住"联合创始人、商业高级副总裁
李楠

序言三

2020 年 12 月,"好好住"的创始人冯骕来到我的办公室,向我介绍"好好住"这款 App 和"营造家奖",以及他们希望给私宅设计行业带来的改变,我们可以说是相谈甚欢。

"营造家奖"是一个面向私宅设计师的专业比赛。既然是比赛,就有评选标准,那么这里便有一个有趣的问题:私宅设计到底有没有标准?对于这个问题,我的回答是:私宅设计有行业技术标准,但业主的满意度是没有标准的。对私宅的工程质量标准,国家有明确的规范,这是可量化的,但私宅设计的核心是定制类服务,只要业主和设计师之间达成共识即可,而这种共识是没有办法被量化的。

那么,针对私宅设计作品的比赛到底在比什么呢?其实,很多私宅设计类比赛是在比审美。我认为一个真正专业的私宅设计比赛应该关注以下三点:

第一点是视觉,即设计师的设计是否满足了业主的视觉需求;

第二点是平面,即设计师的动线设计和平面布局是否合理;

第三点是造价成本,这是很容易被很多比赛忽略的一点。

私宅设计作品大多是普通人的家,没有普通人会不在乎装修成本。所以,我认为好的私宅设计应该是在有限的造价下用专业来改善业主的生活,而不是仅仅依靠金钱的堆砌。好的比赛应该关注造价成本。

"营造家奖"在评选过程中有一个作品答辩会环节，它能让参赛的年轻设计师充分表达自己的想法，评审也能从专业的角度给予他们一些指导，从而让他们获得真正的进步与成长。

　　现在，私宅设计行业领域的比赛其实有很多，但想要做出具有独特性和高品质的比赛，最重要的还是坚持专业。只有在专业面前，比赛才能为消费者、为行业筛选出真正优秀的私宅设计师。"营造家奖"虽然创立仅 4 年，但主办方若能继续秉持对行业、对职业的尊重，相信未来会有更多设计师来关注这个年轻的比赛。

国家建筑装饰行业科学技术奖办公室主任
中国建筑装饰协会设计分会执行秘书长
孙晓勇

营造家奖
Niceliving
Awards
2020 评委会名单

– 专业评审 –

Baptiste Bohu
陈暄
程晖
崔树
方磊
龚书章
关天颀
何宗宪
逯薇
青山周平
邵唯晏
王俊宏

– 媒体评审 –

冯骕
李君
王牧之
壹品曹
张丽宝

– 金奖领航员（历届金奖获得者）–

本小墨
陈鸿文
李成
李敢
林薰
刘一汀
罗茗
潘天云
潘小阳
夏伟
周琛
郑明辉
EVA 琉
KINJO DESIGN
sweetrice

评审寄语

陈暄

2020"营造家奖"专业评审

十上建筑创始人

中央美术学院建筑学博士

　　"营造家奖"是设计师之间进行交流和互动的平台，同行之间可以相互学习是很多设计师参加此大赛的重要原因。"营造家奖"不只是一个设计比赛，更是设计师跟业主之间关系的呈现。它不只关注设计作品，也关注设计师和业主共同创作的成果。

程晖

2020"营造家奖"专业评审

唯木空间设计创始人

法国双面神国际设计大奖家居住宅空间类唯一金奖得主

　　初识"好好住"，我就被诸多美好的家和背后那些热爱生活的人打动。参加"营造家奖"的评审工作，我更是因此见到很多优秀设计师和高品质住宅作品，这些作品向我们呈现了新时代年轻人的私宅面貌——自信、独立、多元。通过这个比赛，我也注意到客户群体的年轻化和新一代设计师的高速崛起。2020 年"营造家奖"的获奖作品带给我很多惊喜，充分展示了中国的私宅设计正大跨步地与国际接轨，我期待他们在未来有更大的超越！

崔树

2020"营造家奖"专业评审

"80后"设计师代表人物

CUN 寸 DESIGN 品牌创始人

　　"营造家奖"的特别之处在于它为年轻、优质的家居领域设计师和有高端设计诉求的业主营造了一个平台，大家通过这个平台可以在第一时间看到最真实的市场诉求和未来的设计趋势。2020年的"营造家奖"跟往年相比有几个特色词，第一个词是"趋势与潮流"，今年的很多作品受到往年优质作品的影响，有一定的趋势和流行的方向；第二个词是"变化与创新"，今年的一些参赛作品是从独特的设计角度切入的，有非常大的变化与创新；第三个词就是"多样化"，这里有流行风格的设计作品，也有不断变化风格的设计作品，这个平台向大家提供了很多种可能。

方磊

2020"营造家奖"专业评审

壹舍设计创始人

　　"营造家奖"是专业的聚拢性平台，将国内家居设计圈的主流人群聚拢至此。参赛作品也具有高品质，而且"营造家奖"在评审过程中所表现的专业性及严谨性等，也都是它的特殊之处。2020年的参赛作品相较于2019年的，在整体上有着较大的飞跃。从设计维度上看，2020年的参赛作品在比例尺度、人文关怀及细节方面皆有了非常明显的进步，在如何处理作品的完整度方面，它们也让我感到非常惊喜。

龚书章

2020 "营造家奖"专业评审

台湾阳明交通大学建筑研究所教授

台湾设计研究院公共服务组召集人

　　在担任"营造家奖"评审的过程中，我看到了很多有趣的作品。每个作品都忠实地表达了设计师的想法，其中有很多不错的作品。"营造家奖"是独特的，它在审美观点、对于居住空间的定义等方面和包括国际设计比赛在内的比赛有很多不同，可以说它开创了一种直接面对业主需求、造价挑战、多种设计想法的形式。虽然很多参赛设计师还处于历练阶段，但他们提出的设计多样性，足以作为其他比赛的参考。

关天颀

2020 "营造家奖"专业评审

北京空间进化建筑设计创始人

中央美术学院、四川美术学院课程导师

　　"营造家奖"是个朝气蓬勃、有态度、有腔调的家居室内设计专业比赛，注重于当下与未来的设计精神，倡导人文设计态度，推崇真实的、友善的、多元的、实用的设计。2020 年"营造家奖"的许多优秀设计作品呈现出娴熟的空间表达技巧，手法自由、多元，注重艺术诠释，细节构造精细，设计师表现出越来越自信的专业精神！

何宗宪

2020"营造家奖"专业评审

香港室内设计协会会长

我相信比赛中付出的努力与获得的知识都会引导我们走向成功。设计师能够登上设计比赛的擂台，就好像为心灵练习找到一种运动，从而培养出运动员屡败屡试的体育精神。要记住，失败中其实暗藏着许多回报。

逯薇

2020"营造家奖"专业评审

百万册畅销绘本作家

"家的容器"公众号主理人

国家一级注册建筑师

做评审是一份相当辛苦的工作，因为好作品实在太多，挑得我眼花缭乱。在 2020 年的参赛作品之中，我可以明显感受到中国家居室内设计师近几年的进步——个人感觉是以 2018 年为分水岭。这 3 年来，此行业整体水准的提升是肉眼可见的。从模仿到原创，从模糊到清晰，属于中国设计师的道路，正在被这一代年轻人一步步踩出来。

青山周平

2020"营造家奖"专业评审

B.L.U.E. 建筑设计事务所创始合伙人、主持建筑师

北方工业大学建筑与艺术学院讲师

　　每一年参与"营造家奖"的评审工作，对我来说都是一个快乐的学习过程。在全国设计师的大量精彩作品中，我了解到最新的家居流行趋势，以及生活方式的变化、时代的变化。"营造家奖"可以说是中国当代家居设计的大数据库。

邵唯晏

2020"营造家奖"专业评审

竹工凡木设计研究室创始人

台湾交通大学建筑博士

　　近年来，国内设计产业崛起，反映了民众在拥有稳定的经济基础后开始追求生活美学、质感，这在无形中催生出设计领域的众多竞赛。通过这些赛事竞逐，以专业评审的检视与奖项肯定，回应当今社会对设计师的期待，并形成一种正向的循环。然而，现在也存在竞赛流于形式、作品趋向同质化的问题。有别于此，"营造家奖"更强调自身与他者的差异，专注于业主与住宅本身的需求，以更严谨的、如评图般的评比方式，成为行业间极具创意特色的比赛。

王俊宏

2020"营造家奖"专业评审

森境 × 王俊宏室内装修设计工程有限公司设计总监

　　"营造家奖"为室内设计师们提供了一个互相切磋的舞台，不论参赛者的年资，不限参赛作品的背景，给予新锐设计师公平竞争的环境。与一般的国际竞赛是在纸上评选不同，在"营造家奖"中获选的设计师必须接受评审的公开点评，需亲自论述其创作理念。这与其说是一个比赛，不如说是一个提升整体设计水平的共学媒介。

李君

2020"营造家奖"媒体评审

《安邸AD》编辑副总监

　　这是我首次作为评审来深入了解"好好住"举办的"营造家奖"比赛，评审过程给我带来了各种惊喜。"营造家奖"仅通过网络社区平台进行征选，没想到竟然收到来自五湖四海的青年设计师的报名，这令我惊喜地认识到国内设计行业藏龙卧虎、后继有人。在作品答辩会上，尽管现场氛围活泼、幽默，但评选的过程是极其严谨、严肃的，这也令我对互联网平台有了深入理解。我更没料到，不同于某些以场面话为主的评选活动，"营造家奖"的评审们在现场点评时个个言之有物、直击要害。难怪有那么多青年设计师亲自到现场观看答辩过程，因为这对于设计师的自我提升有很大帮助。更有趣的是，答辩活动结束后，大家也就纷纷离开，鲜少有人在此逗留、社交，这也令我惊喜地看到了一个务实的平台，一群没有"社会气"的设计师。当然，最令我惊喜的还是参赛作品。很多青年设计师摆脱了以装饰和风格为主的设计思路，这使我很高兴。他们从观察业主的日常生活和使用习惯入手，甚至对业主的喜好进行分析、提炼，做出尺度适宜的设计；他们敢于对业主说"不"，也有信心去引导业主，不盲目追随市场流行趋势，而是深入分析项目的特点，做到因地制宜。当然，一个美好的家往往是甲方和乙方共同合作的结果，我真心地希望读者在看完这些设计师的作品后，也能为自己的家找到合适的设计师。

王牧之

2020 "营造家奖" 媒体评审

一筑一事新媒体及研究型创意机构创始人

近 20 年来，中国正在推进人类历史上规模最大的城市化进程，在高速发展之下难以避免地出现了"千城一面"的弊病。今天，当国家明确老房子不再拆迁，而是启用更科学和以人为本的城市更新时，被视为城市中一个个细胞的家空间也开启了多元化和个性化的时代。当"好好住"举办的"营造家奖"进入 2020 年，在疫情与反思的特殊年份，我们不约而同地对家有了更多关注和感知。从春节的居家隔离开始，越来越多的人意识到家才是改善生活方式的原点，而家中亟待改造的地方实在是太多了，也许是从一个不舒服的客厅沙发或者不好看的走廊挂画开始。过去，我们更多是走出去；现在，我们更多是回家。在参与"营造家奖"西南赛区的评审工作时，我能明显感受到业主与设计师对于美好生活的认同感变得越来越强。面对千变万化的户型，他们总能找到合适的解决方案。在这些设计图纸的背后，我们能看到业主的生活场景正在逐一展开。我认为这本顺势结集而成的书，不仅是当下先锋时尚的家空间设计创意集，还是一本生活方式的提案书。从细节之处，读者能窥见当代中国人的生活尺度与质感，也能产生把每一个平凡日子过得更有仪式感和温度的共情。每一个家，都值得细心营造。

壹品曹

2020"营造家奖"媒体评审

壹品高级定制设计创始人

"壹品曹"公众号主理人

2020"营造家奖"的获奖作品有两个关键词——真诚与百花齐放。做到这两点其实非常难，因为国内大部分私宅设计师的审美是被样板房培养出来的。样板房是一套产品销售美学，有一套标准的审美体系，但是设计私宅时不能参照它。私宅最大的特点是个性化，专属某个家庭的审美情趣，这在其他家庭都是无法复制的。想要做到这一点，首先需要的是真诚。我相信设计师在前期肯定跟业主进行了许多沟通，私人定制化的个性便是沟通之后的结果。个性背后还涉及非常细腻的生活方式，这就需要一套成熟的设计表达技巧，这也是近几年私宅设计师变得飞快成熟的信号，因为专业性越来越强。"百花齐放"是最真诚、最直观的呈现，每一个设计作品都有自己独特的气质。"营造家奖"作品集能够出版成书，对十设计师来说，绝对是最好的参考，他们能够从中收获关于私宅设计的特殊感悟。私宅设计作品能够出版，对许多设计师来说更有针对性以及现实指导意义，对于未来私宅设计领域来说也是一次很好的推进！

张丽宝

2020"营造家奖"媒体评审

《漂亮家居》杂志总编辑

台湾师范大学管理硕士

"营造家奖"是我参与评审的最独特的室内设计比赛，以家为主题，而非只关注空间，除了作品中的美感及形式，它更关心业主与场域的关系与连接。从担任评审至今，我观察到业主对家的追求与期待，也看到百花齐放的设计作品及设计师的持续性自我超越，他们的设计水平年年在提升。"营造家奖"的获奖作品是通过评审多维度的筛选而产生，我们从中可学习的不只是专业，还有对未来生活的探索。

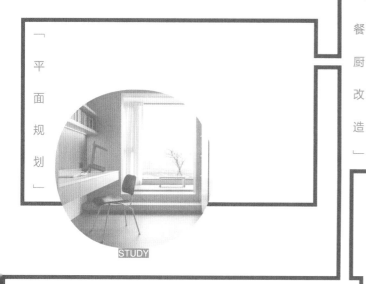

平面规划

STUDY

餐厨改造

KITCHEN AND DINING ROOM

目录

前沿理念

第一章　年度最佳小户型设计 001
第二章　年度最佳中户型设计 049
第三章　年度最佳大户型设计 129
第四章　年度最佳复式空间设计 179
第五章　年度最佳平面规划 223
第六章　年度最佳软装设计 249
第七章　西门子家电最佳厨房解决方案 281

软装搭配

BEDROOM

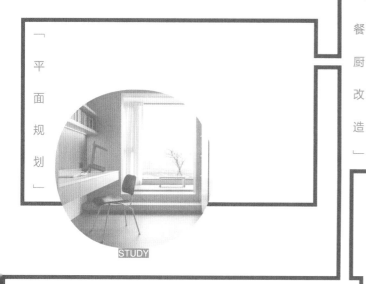

LIVING ROOM

动线设计

为厨房"嵌入"千万种可能 302
以专业之心，致每一份托付 303
营造家奖 304

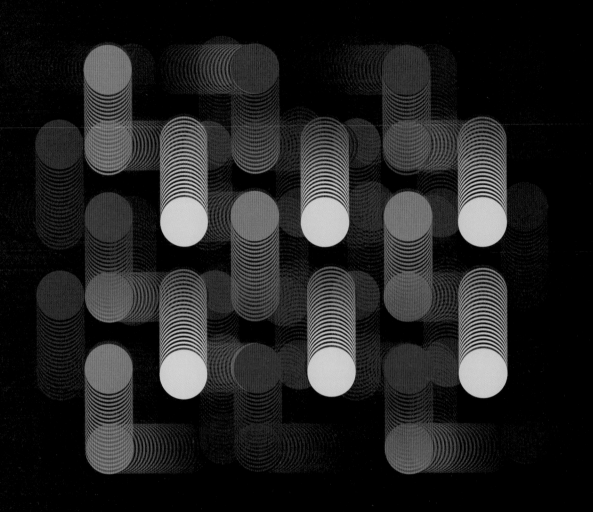

20
50
营造家奖
Niceliving
Awards
2020

第一章
年度最佳小户型设计

篇首解读

邵唯晏

　　作为陪跑 3 年的评审，我在回顾 2020 年"营造家奖"的参赛作品时，发现整体在质与量上都有显著成长。回归到设计本身，我认为设计住宅的基本原则是要在大中见小，从小中见大。小户型便属于后者。有别于大户型设计需透过解构空间，让空间产生层次感，并增加过渡空间以增加生活的细节及质感，小户型的空间虽然不大，但对于生活所需的功能与机能，设计者需要做更全面的思考。设计者需通过巧妙地使用"多元整合"或"复合使用"的设计策略与逻辑重新梳理空间，才有机会在设计上体现出小中见大，进而突破小户型住宅本身的面积限制，形塑出个性化的"微型豪宅"。

　　本年度的最佳小户型设计奖金奖作品"一个属于家的记忆，一个属于自己的符号"便紧扣了这样的设计精神，设计者通过打破既有格局，营造出一个光线充盈、视线通透的居所。

一个属于家的记忆
一个属于自己的符号

面积	户型	造价
53 平方米	1 室	66 万元

位置	居住状态
台湾 台北	两口之家

设计者
Studio In2 深活
生活设计

主案设计
俞文浩、孙伟旻

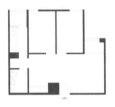

原始平面图

改造后平面图

作品说明

　　设计者将原户型封闭、阴暗的格局打开，打造了一个视线开阔、采光相对通透、不同区域既开放又联系紧密的微型空间。

评委会点评

　　在以白色为主的室内，在隔间墙面与天花之间留有一道间隙，并以不规则角度的金属面板连接，创造出了自然丰富的光影变化。主卧与客卧以移门为中介，让客卧空间具备了多样的使用方式，将"多元整合"和"复合使用"思维运用在空间设计中，并结合隐约、微弱的连续符号，以环绕的排列建立起视觉与空间记忆，从而创造出宁静而纯粹的生活场景。（邵唯晏）

整体使用的主要颜色是大面积的白，能够直接地呈现出光影的变化，为屋主创造一处宁静、纯粹的居住场所。

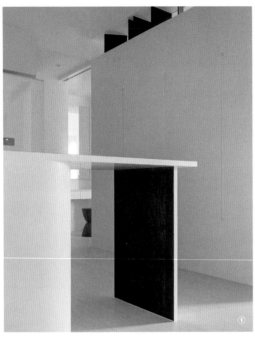

①②
　　概念开始于一个家的记忆，在空间中创造隐约、微弱的连续符号，尝试利用环绕的排列建立视觉与空间的记忆。屋主从事常在外飞行的工作，每一次的回家令设计者联想到雁鸟衔枝草归巢的故事，因此产生了一个属于这个家与使用者之间独特的符号。

③④⑤
　　为强化微型空间的使用坪效，设计者在主卧与客房之间设置了可弹性使用的移门。当屋主的活动需求降低时，他可以闭合这个门，主卧便成为一个私密的空间。

⑥设计者将原来封闭、阴暗的格局打开，打造了一个视线开阔、光线相对通透、区域开放同时紧密联结的餐厨空间。

⑦设计者在隔间上方保留一道贯穿空间的长向采光，不规则的金属分隔片避免了均匀分割的呆板，同时使卧室外也拥有自然的光影变化。

⑧电视背景墙以天然大理石与不规则金属分隔片组成搁架，以满足置物需求。

⑨以桦木制作的床架、背板、收纳架一体的卧室定制家具，同时串联起主卧、客厅的空间。

洗手池被外移，卫生间仅保留沐浴和如厕功能，更符合屋主的生活需求。

33 平方米的安静小屋

面积	户型	造价
33 平方米	1 室	15 万元

位置	居住状态	
广东 广州	独居	

设计者
广州不合时宜
设计有限公司

主案设计
柯辉

原始平面图

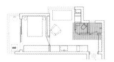

改造后平面图

作品说明

　　本案例为一个仅 33 平方米的单身公寓，屋主的设计需求是在有限的空间内打造两个卧室，满足家人偶尔来此小住的需求。设计者打散了原有的空间结构，重构了两个单独模块，在增大鞋柜面积的同时，也为开放式厨房打造了一个一字形操作空间。分隔两个卧室的储物柜造型灵感来自 CELINE（思琳）的经典包，在满足功能的同时暗示了微笑的力量。设计者将整体空间拆分为 3 个嵌套的盒子，依次由黑色过渡到灰色再到白色，借由明度的变化增加空间的尺度。

评委会点评

　　在极小的空间里，设计者对墙体、柜子等大体块的处理很到位，空间看起来比较大气。细节也有很多精彩之处，比如餐桌的选择。一般来说，可变家具在实际使用中的体验都不太好，而这个餐桌非常便利，只需要拉一下。设计者在这么小的空间里能够给屋主打造一个很体面的餐桌，做得很巧妙。

①这是进门视角。隐形门将淋浴空间隐匿起来；灰色墙面从客厅延伸而来，有了空间的流动感；无踢脚线的设计为玄关增添了一分利落与宁静之感。

②整体空间的颜色控制在白、灰、木色之中，卧室和起居室以一道隐形门进行分割，将分体空调隐藏于百叶风口之中，使空间的整体性更强。

③家具和灯具的选择遵从了极简的设计原则，它们的线条十分简单，毫无拖泥带水之感。空间的冷感被原木色的地板和布艺的质感柔化了，形成了一种微妙的平衡。

④卫生间隐藏于弧形门之内。客厅区域选择了轻体量感的家具，沙发榻、扶手椅、小小边几，足矣。

⑤在满足收纳的条件下，设计者取消了吊柜，释放了厨房的上部空间，减少了压抑感。定制活动餐桌收于台面之下，满足多种情景下的使用。

独居者的暖色拱形之家

面积	户型	造价
37 平方米	1 室	10 万元

位置	居住状态
上海 黄浦	独居

设计者
Homelab 家研所

主案设计
徐岚

原始平面图

改造后平面图

作品说明

  原房屋是一套长租公寓，屋主给予了设计者充分发挥的空间。设计者以建筑大师里卡多·波菲尔的作品和插画师夏洛特·泰勒根据里卡多的建筑创作的插画为灵感，在拱形元素的基础上加入了圆球元素，让空间更有梦幻感。我们可以看到空间从软装到硬装各个细节都巧妙地融入了这两个元素。最终，这个有趣的空间便诞生了。

  通过拱门造型墙划分卧室和客餐厅区域，既通透又可以通过帘子保证私密性。设计者还打掉了原空间里奇怪的隔墙，将卫生间和厨房进行对调，变成了开放式厨房，狭小的客餐厅空间顿时宽敞很多，采光也变好了。设计者特意在阳台安装了浴缸，因周围无建筑遮挡，屋主可以一边泡澡一边欣赏夜色，即使在租房也可以享受生活。两米的搁板加挂衣杆、加布帘的开放式收纳，节省了空间和费用。搁板有立柱支撑，确保了承重，并且屋主以后可以在搁板上增加抽屉等收纳工具，储物是足够的。

评委会点评

  如何在小空间打造出简洁的仪式感？案例中的这 3 个拱门给了我们不小的启发。更值得注意的是，设计者所选择的墙面、床头、吊灯，也都在呼应这核心的 3 个拱门。

①设计者将餐厨与起居空间全部打通，打造成 LDK（客厅、餐厅、厨房）一体化空间；在卧室与客餐厅之间增加拱形隔断，让层次变得更加丰富，又保留了整个空间的通透性。拱形隔断可以根据居住需要安装帘子，形成封闭的睡眠空间。

②卧室阳台需提前处理好上下水。设计者在阳台安置了独立式浴缸，休闲放松的意味更加浓厚。

③卫生间位置与厨房位置对调，使客餐厨的面积变得更大。洗手间设计为干湿分离，设计者将干区洗手台盆移出，提高了使用效率。并且，洗手台盆也处在玄关动线上，方便屋主回家后直接洗手清洁。

④卧室软装中使用了大量的拱形与球形元素，以素雅白色为底色，加以不同的红橙色调进行点缀，浪漫的气息扑面而来。

⑤室内不设定制衣柜，以吊杆加搁板作为衣物收纳区。屋主日后也可以在衣物收纳区增加布帘，更加整洁、美观。衣物收纳区内涂刷拱形墙，与室内主题元素相互呼应。

小房大住：60 平方米也能拥有旋转楼梯

面积	户型	造价
60 平方米	2 室	37 万元

位置	居住状态
河南 郑州	两口之家

设计者
NAMA-DESIGN

主案设计
乔雅

原始平面图

作品说明

　　屋主是一对白手起家、共同创业的夫妇，购买了这套位于黄金区域的 LOFT[1]。房子最初是用作商业用途，因此原结构不太适合长期居住。设计者需要在有限的预算内充分发挥这个小户型的功能，满足屋主自住和聚会的需求。

评委会点评

　　小空间，大生活。空间被打破、重组、整合，合理的动静分离，满足了两个人生活、工作、聚会这多种模式。飘逸的弧形楼梯就像连接着彼此的生活与工作，密不可分。

改造后平面图

好好住 ID
NAMA-DESIGN

1　原意是指在屋顶之下存放东西的阁楼，现指少有内墙隔断的高挑、开敞的空间。

①②
设计者调整了入户
空间的整体布局，
增设了楼板，改变
了楼梯结构，大胆
采用了通常不会在
小空间使用的旋转
楼梯。楼梯的流线
造型刚好与屋主的
冲浪爱好和自由不
羁的性格契合。

③一层客厅只放沙发，
留出活动空间。设
计者将中西厨分开，
从原主卫空间中隔
出一点空间作为封
闭的中厨，西厨与
餐厅、客厅为一体，
在满足制作简餐需
求的同时便于聚会、
交流。

④卧室的床头背景隐
藏了原始结构主梁。
设计者采用了规划
搁板、上翻床头柜、
两侧落地柜等多种
收纳方式，并将床
厢改为全封闭模式，
扩充储物功能，弥
补了小户型收纳空
间不足的缺点。最
后，设计者在组合
衣帽间墙面设立落
地镜，增加小区域
的空间感。

在悬于城市空中的"小岛"生活

设计者
Rolling Design

主案设计
周轩昂

面积	户型	造价
58 平方米	1 室	40 万元

位置	居住状态	
浙江 杭州	有娃家庭	

作品说明

  原户型层高 3.8 米，有两面 L 形的玻璃幕墙，除了卫生间空间较小，厨房、餐厅、客厅区域都属于常规划分，对于普通屋主来说算是比较合理的设计。但是，如果屋主对舒适性有更高要求，这样的布局还是有些紧凑。为此，设计者拆除了之前所有的精装修设计，打通了厨房、餐厅、客厅和卧室空间，扩大了卫生间面积，在里面增加了洗衣、烘干的功能，提高了舒适性和便利性。整个空间以白色和木色为基调，以化繁为简的设计逻辑来体现。在吊顶改造中，设计者把原中央空调重新排列规划，并设计了 L 形轨道灯。室内原有一个巨大的柱子，为了规避这个问题，设计者做了一个壁炉加展示功能的区域，看似壁炉是向内嵌入，其实是因地制宜地增加了一个功能性角落，成为整个空间的一个视觉中心点。

评委会点评

  这个案例做得非常好的一点就是"平衡"。可以从很多角度来看待平衡，首先是色彩的控制，设计师做得很好。他在小户型中用了一种很"轻"的颜色，让整个空间看起来令人感觉很轻松，变得有尺度感。其次，这个案例相对自由地布置各个体块，但是设计师控制得平衡、有序，这是非常好的。

原始平面图

改造后平面图

①设计者将室内原有精装修拆除，打通了厨房、餐厅与客厅，形成 LDK 一体化空间，最大限度地向各空间引入光线。纯白的硬装底色有放大空间的效果。

②卫生间面积扩大后，设计者做成干湿分离，将洗衣机和烘干机放进卫生间内，这样使得家务的动线更流畅，提高了生活的便利性与舒适性。

③天花上安装了 L 形轨道灯，可以根据照明需求进行灵活调整。极简的

造型符合整个空间的纯净调性。

④原户型中有一根无法挪动的柱子，设计者索性将其扩展，打造了一个看起来像嵌入式的壁炉。设计者将上方因地制宜地设计为展示空间，成为整个开放空间的视觉中心。

⑤卧室的色调亦和全屋保持一致，仅以白色、原木色和少许绿色作为点缀。睡眠空间无须太过花哨，静谧的氛围更利于休息。

独树一帜的单身男子
质感居所

面积	户型	造价
60 平方米	1 室	60 万元

位置	居住状态
台湾 新北	独居

设计者
和和设计有限公司

主案设计
简嘉仪

原始平面图

改造后平面图

作品说明

　　设计者试图在这个小户型的单人住宅里创造一种空间的自由感，在格局与动线的安排以及材质的选择上都有所考虑。最终格局为一大厅与一大房，一大厅包括客厅、餐厅与厨房，一大房包括卧室、衣帽间与卫生间。每个空间几乎都是串联在一起的，彼此之间几乎没有隔门，仅在卧室与卫生间之间做了移门。

　　设计者在玄关以通透又具朦胧感的玻璃砖墙打造了 3 个空间：一为落地玻璃砖墙内的一字形厨房，一为弧形玻璃砖墙后的衣帽间，一为透明砖墙之间的用餐空间。

评委会点评

　　三室改一室，放大了原有客厅空间；一字形浴室以浴缸为视觉中心；衣帽间利用特殊材质做成半透明式，具备陈列的装饰性，也体现了屋主的生活质感。

①一入门，映入眼帘的便是层层堆砌的玻璃砖景。在整体的灰色调中，玻璃砖似透非透，微波粼粼，引入并柔化了自然光线。

②一面具有暗调质感的刻纹石皮墙锚定了整个空间的视觉中心，加上中间放置的方形组合沙发，平衡了客厅在房屋大梁下的局促不安感。

③设计者沿墙与柱体嵌入了金属隔板，拉门后的收纳展示层架皆以微弧形收尾边，以缓和材质带来的坚硬感。

④设计者改变了原始格局，重新梳理了生活动线，以隐藏式拉门作为客厅、卧室的界线，开合之间，空间仍可保有个人隐私。

⑤透过收纳展示层架的玻璃隔断望向公共空间，可以看到开阔的客厅和以云朵形餐桌为中心的餐厅，环形吊灯反射出层层光影，如同水面泛起的涟漪。

50 平方米的二孩学区房
竟然还有钢琴和浴缸

设计者
北京七巧天工设计

主案设计
王冰洁

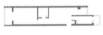

原始平面图

改造后平面图

面积	户型	造价
50 平方米	3 室	30 万元

位置	居住状态
北京 西城	三代同堂

作品说明

看到"学区房"这个词，你第一时间想到的是什么？是有限的居住面积以及随之展开的拥挤生活吗？可是本案例想表达的态度和生活方式不是这样的。对于孩子来说，成绩很重要，可是成长环境更加重要。为了两个孩子的教育，屋主一家由大房子换到这套50 平方米的住宅，一起搬来的还有一架钢琴和一个大浴缸。新家既要满足孩子们在空间里自由玩耍的需求，又要让孩子们在写作业和练琴的时候互不干扰，而且爸爸要有独立的办公区，爷爷奶奶也会时常来住……总之，设计者既要最大限度地利用空间，又要满足每个家庭成员的基本隐私需求。但是，这些需求所对应的竟是这套只有 50 平方米的典型老房，对设计者来说真的是一种挑战。

屋主的两个小女儿喜爱动物，所以设计者选用了绿色作为全屋的主色调。这种绿代表着欣欣向荣，代表着希望，有自然的梦幻感，也有灰的品质感。 原户型为两室一厅、一厨、一卫，但朝北的卧室宽度只有 1.45 米，长度也仅有 2.8 米，并且在如此有限的空间内还存在一个无法变动的大结构柱。如何在中部以南的区域将一间卧室改为能容纳 4 人的主卧加儿童房的配置，以及如何在满足家庭成员基本的睡眠需求后，平衡生活动线和收纳功能，都是本项目改造的难点。

评委会点评

看到这个案例的原始户型图和屋主需求时，感觉这几乎是不可能完成的任务，但是设计者都完成了，除了细节的把握，材料的问题也处理得很好。学区房往往是小户型二手房，是屋主向生活妥协的选择，而这个时候的设计者就是站在屋主身前和房屋、生活进行斗争的人，帮助屋主在这个有限的空间里仍然能够拥有美好的生活，这是一件伟大的事。

①总面积不大的空间，需要将多种活动空间复合在一起使用。轻巧的沙发搭配餐桌，这里既是客厅，也是餐厅，同时也可以作为琴房。淡雅的豆青色定制柜使洗手区域和餐边柜结合在一起，极大地提高了空间使用效率。

②③
设计者将主卧由东西朝向调整为南北朝向，增加了第三间卧室——儿童房（拱形窗后面）。在房屋的横宽尺寸有限的情况下，设计者利用房屋高度设计了上下床，保证两个女孩都有相对独立的睡眠空间。为保证儿童房的光线以及它作为通往卧室的主要动线，设计者在两屋之间采用了透光窗、隐蔽式玻璃移门和帘式衣柜等尽量增大空间视觉感的处理方式。

④设计者以火车卧铺车厢下的桌椅为灵感，在厨房增设了折叠桌板和折叠座椅，方便吃简餐和做饭的时候作为备餐台使用。

⑤原朝北卧室设为地台，在保证睡眠功能的同时增加了储物功能，并且留有宽 0.85 米的书桌。

⑥设计者将洗手台外置，将卫生间的 3 个功能区进行分隔，利用马桶的背部剩余空间放置浴缸。

小庭院之家

面积	户型	造价
25 平方米	1 室	10 万元

位置	居住状态	
上海 徐汇	短租民宿	

设计者
栖斯设计

主案设计
栖斯设计

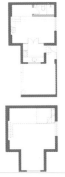

原始平面图

改造后平面图

好好住 ID
栖斯设计

作品说明

该住宅位于上海市淮海路一座保护建筑的底层，在进行产权分割后套内面积仅剩 25 平方米，屋主希望将其改造成短租民宿。设计者围绕"如何在 25 平方米的空间内营造一个温馨、舒适且能容纳多种活动的场所"这一目标展开设计。设计者通过建立室内室外的连接、利用夹层以及功能叠加等方式，充分挖掘了该住宅的空间潜能，最终打造了一个居住功能完备且能容纳多人聚会的丰富空间。

评委会点评

整个方案围绕庭院展开，改变厨房的原始布局，使得用餐的吧台跟庭院的关系更加紧密，可以跟室外产生互动。

图注

①②
设计者选择了大面积的木饰面定制，来实现屋主所希望的自然、温馨的氛围。进门即是简单的餐厨区域，吧台可用于吃简餐，也可用于小酌。餐厨区域设置了 3 种灯光，一是吧台上方的吊灯做重点照明，二是无主灯照明用来照亮厨房走廊区域，三是橱柜下方安装了灯带，备餐时避免照明死角。

③二层睡眠区以木饰面覆盖，形成很强的包裹感，玻璃栏杆不隔绝光线，床边还留有小小的工作台，方便日常使用。

④民宿需要尽可能将多种功能结合起来，所以设计者将起居室改造为两层，将睡眠区域下方设置成透明的洗漱区域，更显明亮；楼梯与电视背景墙结合在一起，展示、收纳两不误；依窗定制沙发飘窗座，形成小小的围合空间，满足聚会、交流的需求。

⑤虽然整个房屋的面积不大，但通过改造获得了奢侈的卫浴空间，独立浴缸与暗藏的灯带带来了高级酒店般的生活质感。

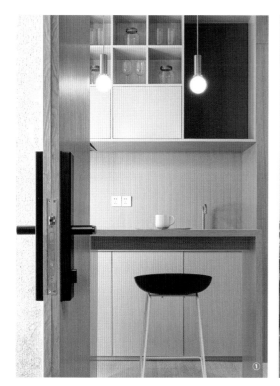

爆改 54 平方米老宅
打造一个治愈系的家

舍近
SPACE DESIGN

设计者
舍近空间设计
事务所

主案设计
惟洋

面积	户型	造价
54 平方米	2 室	14 万元
位置	居住状态	
浙江 杭州	有娃家庭	

作品说明

　　这套小房子是 20 世纪 80 年代的一套老学区房，屋主是一家三口，他们希望这套房子可以满足以下需求：公共空间能让孩子自由玩耍，卫生间能够干湿分离，拥有充足的收纳空间，以及实现全屋功能的最大化利用。如何在这仅仅有 54 平方米且原始格局很不理想的小空间中实现这些需求，是本次改造的重点。设计者对整体空间进行了大刀阔斧的改造，通过合理的区域划分，为这个小空间赋予了众多功能。

评委会点评

　　这是极具想象力的一个案例。阳台、主卧与次卧交汇处的空间重构，通过斜面与弧面，释放了难以预料的创造力，给空间增加了极强的趣味性。天花、踢脚的处理也颇有胆量，值得玩味。

原始平面图

改造后平面图

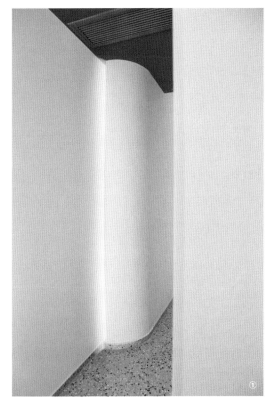

①②
走廊是整个空间的中轴，设计者将原墙面的垂直转角改为弧形转角，用碰撞的几何色块构建出属于家的艺术之廊。

③设计者拆除了原厨房压抑的墙体，获得了一个视野开阔、餐厨一体的多功能区域。通过定制的水磨石玻璃餐桌、极简的橱柜、白色的百叶窗，营造了一种温馨的氛围和居家的仪式感。

④设计者打破了传统的客厅空间观念，没有选择沙发、茶几的组合，而

是设计了阶梯式几何造型，沿墙定制了高低错落的地台与壁柜，既能满足休息和收纳的需求，也不会影响通行。设计者利用吊柜将投影仪隐藏起来，待幕布放下，屋主就可以在客厅拥有一个小型家庭影院。

⑤⑥
床头单侧安装了吊灯，不对称的设计增添几分浪漫的氛围。卧室空间不大，无须按照传统观念非要有床头不可。选用木饰板作为墙面装饰，弱化了空间对比度，去掉了传统的窗帘盒设计，将丑陋的空调管道包裹进去，并将原本老旧的窗户结构隐藏起来，使房间更具设计感。

16 平方米的豪宅梦

面积	户型	造价
16 平方米	1 室	13 万元

位置	居住状态
四川 成都	独居

设计者
成都壹言设计

主案设计
柯兴

原始平面图

一层

二层

改造后平面图

作品说明

屋主是一位从事自由职业的女士，时尚、文艺、精致是她的"标签"。这套公寓单层面积仅 16 平方米，层高为 4.3 米，但是需要满足屋主平常休息、办公、娱乐等多种需求。房屋面积小，功能需求多，这是本案例中最大的难点。

考虑到屋主平时会在这里举办一些小型派对，设计者在一楼增设了一个独立马桶间，从而解决人多时使用卫生间的问题。看电影、工作也是屋主必不可少的需求，为了适应这个公寓的超小面积，家具都是由设计者亲自参与定制的，从而既能提供收纳空间，又能满足生活、工作的需要。

为了在视觉上扩大空间，设计者决定在装饰材料上尽可能减少变化，使用的主要材料为环氧树脂、木地板、防污涂料等，以白色和木色色调进行装饰。入户左侧为一楼至二楼的楼梯，设计者利用楼梯下方的空间集聚了鞋柜、厨房、冰箱、洗衣机、衣帽柜、设备柜、行李储存区。这些空间都加装白色柜门，将琐碎的物件全部隐藏起来，让空间显得更洁净，从而增强视觉效果。

设计者还利用狭窄的原飘窗空间，设计了一个舒适的沙发区；另外特别定制了一个集办公、餐桌、收纳为一体的移动柜子，满足了屋主的更多功能需求，同时又不占用过多空间。夜幕降临时，约上三五好友一起举杯，可以在这里共享欢乐时光。

将定制的浴室立柱盆作为马桶区与淋浴间的隔断，可以同时满足双侧的洗漱需求。由于二楼的层高只有 1.9 米，所以在设计中尽量避免使用顶灯，而是采用了嵌入式的美线灯。在二楼休息区配置了一张舒适的双人床，在床边增加了可移动调节的磁吸轨道灯，可

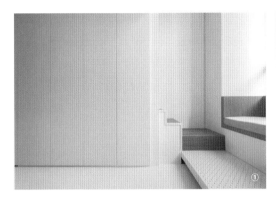

①②
　　楼梯下方的收纳间就像一个"大胃王"，结合了厨房备餐收纳空间、洗衣机、冰箱、简单的衣物收纳空间。合理的分区和功能规划，让超小户型也可以拥有良好的居住体验。

③利用飘窗改造的沙发区搭配多功能柜，组成可容纳数人的小客厅。百叶帘迷人的光影效果为用餐氛围增添了情调。此外，多功能柜为设计者亲自设计制作的特殊家具。

以随意调节灯的角度位置，也可以作为阅读灯使用。

这样的微型公寓未来会越来越多，空间面积的减少并不会影响我们生活的精致，在此设计者也希望通过设计，可以为生活提供更多的可能性。

评委会点评

这个案例做得非常成熟，是一个完成度很高的作品。设计者的很多设计手法值得称赞，包括灯、线条、墙角的缝，甚至材料的收口都做得非常克制。这个空间一看就是经过精心设计而且有一定内涵的，布局很巧妙。最重要的一点是，它拥有设计师自己动手设计制作的价值，桌子是手工制作的，还有台子、沙发、水盆的设计也独具匠心。如果只是购买一些成品，放置在一起是好看，但到底是设计者将这些成品设计得好看，还是这些成品本身就好看？设计者自己动手制作这一项会非常加分。

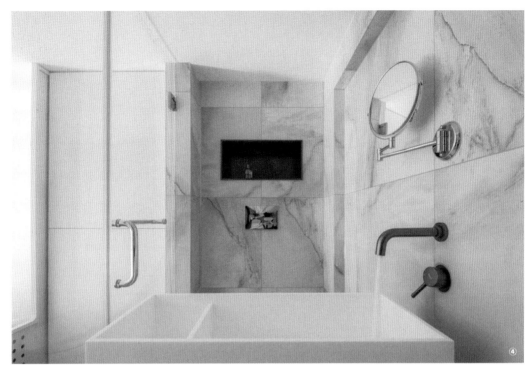

④卫生间以定制洗手池作为淋浴区和马桶区的分割。入墙式水龙头减少了卫生死角。在淋浴区打造了壁龛，作为沐浴用品的收纳区，实用且美观。

⑤二层卧室和卫生间自成一个小套间，用磁吸轨道灯弥补了层高有限的缺点。

48 平方米公寓装下两个人
淘来的世界

面积	户型	造价
48 平方米	1 室	45 万元

位置	居住状态	
上海 静安	两口之家	

设计者
个人设计师

主案设计
詹颖

原始平面图

改造后平面图

作品说明

屋主是两位建筑设计爱好者，喜欢从世界各地撷取灵感带回家。他们的家是一套面积仅 48 平方米、结构不规则的酒店式公寓。为了能在同一个空间容纳两个人的兴趣爱好，设计者需要对房屋进行一番大改造，解决大量储物和展示物品的问题。

为了契合屋主丰富的人生经历与明艳的个性，设计者摒弃了小空间一般会采用的浅色，纳入了孟菲斯[1]、包豪斯[2]等元素，同时借鉴酒店和舞台的概念，用深色打造一种神秘、经典的氛围，让空间突破传统的家居功能，成为既能满足日常生活所用，又富有装饰性元素，并且屋主能够展示自己的地方。

评委会点评

在一个小空间中，将卧室旋转 45 度，不但得到一个大容量步入式衣橱，而且营造了一种很强的趣味性。同时，空间材质、色调、照明等各种细节，又构成了一种极强的戏剧性，真的是"螺蛳壳里做道场"。

好好住 ID
Stefny

1 指在色彩上常常故意打破配色规律，喜欢用一些明快、风趣、彩度高的明亮色调。

2 原是位于德国的一所艺术和建筑学校，后指一种设计精神，在室内设计中主张简化元素和几何形状，也会用色彩构建空间。

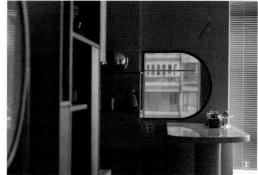

①公寓原本是标准的一室一厅，卧室空间较大，但是原户型设计没有充分利用好空间。设计者打通了卧室和其他空间的墙体，并将床位旋转了45度，在主卧分割出了一个步入式的衣帽间。改造后平面图，主卧位于公寓的正中间，犹如舞台的中心一般。

②岛台背后砌了一小堵挡墙，将晾衣架藏在墙后，这样晾晒少量衣物便不会影响室内的整体美观。这堵挡墙上还开了一个圆弧形窗洞，不仅不会影响厨房的采光，还形成了效果独特的框景，如梦似幻。

③④
设计者在室内使用了大量的弧形造型，除了分隔空间，也使行走的动线更具有趣味性。室内面积虽小，却不失丰富。玄关左侧放置了一个薄

柜，用来展示女主人收藏的香水，薄柜的背后则是洗衣机柜，里面放置了洗衣机、烘干机。玄关右侧则放置了差不多可以容纳80双鞋的鞋柜。设计者利用走廊做了大量展示柜，用来展示屋主的爱好与旅行收藏。

⑤在卫生间的布局上，设计者将台盆移至走廊，使得原本没有进行干湿分离的浴室实现了三分离。洗手台的悬空镜活泼有趣，使得空间多了可玩味的戏剧感。

⑥房屋原始结构中不能被拆除的窗台索性被改造成了坐凳，搭配圆桌组成可容纳4人的用餐区。开放式厨房设置了长2.1米的岛台，既延伸了操作台的长度，又加强了厨房与餐厅、客厅之间的互动，满足两人同时下厨的愿望。

原木与混凝土碰撞
打造一个清新自然的小家

面积	户型	造价
60 平方米	2 室	28 万元

位置	居住状态	
江苏 南京	两口之家	

设计者
凹设计

主案设计
姚俊

原始平面图

改造后平面图

作品说明

　　这套房屋是一套商住两用的公寓，承重梁比较厚，整个空间有些压抑，另外原卫生间比较小，使用起来不是很方便。屋主是一对年轻人，喜欢原木材质，也喜欢清水混凝土材质，想拥有一个清新、自然、温暖的居住空间。

　　空间经过设计者的改造，满足了屋主三室两厅的需求，设计了三分离的卫生间，使用起来更加舒适、高效。设计者将主卧和客厅做了半开放处理，在保留隐私性的同时，加强了空间与空间之间的联系。

评委会点评

　　拆墙容易建墙难，在一个空心的房子里找空间关系，还要满足屋主的生活需求，这个半开放式命题作业真的不容易。设计者在动线与视线的层次以及收纳规划方面的平衡做得很好，尺度也卡得比较准。

①纪念品是屋主生活经历的体现。一件纪念版球衣镶嵌进镜框，既是屋主的心爱之物，又是其个性的表达与情感的流露。

②客厅与主卧被处理成了半开放式，电视背景墙与地面选择了清水混凝土般的灰色系，大量的浅木色与米色调软装让居家显得格外清新自然。

③主卧呈半开放状态，使得空间更通透。室内无主灯的设计搭配壁灯、台灯等局部光源，形成了多角度照明，灯光的氛围感更强。

④设计者沿着窗户定制了收纳能力惊人的柜子和地台。地台代替了飘窗台，一部分柜体做成了封闭式，用来收纳杂物，一部分做成了敞开式，用来展示屋主心爱的收藏品。

设计者特意保留了天花部分的混凝土墙面，显得质朴无华。细腻、温暖的木色系家具与冷峻、粗粝的水泥色搭配在一起，相得益彰，形成一种颇为独特的美学表达。

做减法设计
打造极简风格舒适住宅

面积	户型	造价
80 平方米	2 室	15 万元

位置	居住状态	
江苏 常州	两口之家	

设计者
己十空间设计

主案设计
金钟

原始平面图

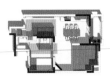

改造后平面图

作品说明

　　房屋紧邻学校，遥望繁华的商业综合体，周边是当地人成熟的生活社区。住在这里，平常和楼道里的邻居点头致意，看放学的孩童嬉笑追闹，是再普通不过的常州日常。在结构设计上，设计者选择了非常规的路线，将原来位于入户门右手边的封闭厨房调整到餐厅旁边，形成餐厨一体的独立功能区。开放式厨房与餐厅是家庭核心区，在做饭和用餐的过程中，可以增加家庭成员之间的亲密感。

评委会点评

　　本案例的造价控制是优秀的。设计者巧妙运用低成本的非常规住宅装饰材料营造出一种不错的品质感，木质体块的运用兼顾了实用与心理慰藉。

好好住 ID
己十空间设计

图注

①玄关通道以木盒子般的木饰面打造，造景造势；餐厨一体化设计最大限度释放了空间；橱柜做了悬空处理，使得空间更加通透。

②厨房处在玄关一进门的视野中。设计者取消了吊柜，解放了空间的上半部分，整个厨房区域上方显得干净、利落；下半部分的橱柜是悬浮的，显得十分轻盈，营造了一种轻松氛围。

③室内的用色限制在木色、白色和灰色调之中，软装打造得简洁无冗余，空间的调性是干净、

宁静的。

④多功能起居室采用了盒体设计的概念，轻盈地将地面抬高，墙、顶、地采用同色调的原木色。家庭成员在这里无论是休闲聊天，还是冥想自坐，都犹如身处与世隔绝的世外桃源，怡然自得。

⑤睡眠空间非常简朴、素净，床头被取消了，照明也隐匿于背景板与吊顶的后方，营造了一种隐隐含光的意味。

40 平方米全屋定制
学区房

设计者
个人设计师

主案设计
罗秀达

面积	户型	造价
40 平方米	1 室	50 万元

位置	居住状态
北京 海淀	两口之家

作品说明

　　这是一套位于北京的学区房，爷爷、奶奶平时会在此居住，孩子放学后会来这里写作业，有时三代人会在晚餐时间聚在一起，孩子和爸爸偶尔也会在这里留宿。

　　原户型是常规的一室一厅、一厨一卫，还有一阳台，各空间相对独立，但卫生间面积偏小。原厨房在与邻居共享的天井处有一个小窗，有通风和视觉延伸的功能，但采光非常差。

　　设计者在进行改造时，保留了入户处的视觉延展优点，在玄关换鞋时就可以看到空间内的 3 处采光窗，通过视觉延展的方法放大居住者对空间的感受。同时，设计者用大量定制家具将整个空间细分为 10 个功能区，来匹配屋主的居住需求。

　　厨房、餐厅、起居室整合在一个大空间内，2.2 米长的大餐桌更适合全家共享晚餐；儿童床分上下两个部分，上面是休息区，下面是学习区；卫生间扩大面积后，做成三分离，在浴室增加浴缸和可以单独进行淋浴的喷头；阳台整合到卧室空间中，起居室的卡座沙发是多功能的，方便储物和家庭成员偶尔留宿。

评委会点评

　　摆脱传统布局的惯性操作思维，本案例功能取舍得当。这是一个注重分享、交流的成长空间，在满足中老年人居住需求的前提下，使人体会到这个空间对于长辈而言，不仅仅是栖居之所，更实现了他们陪伴家人的心愿。

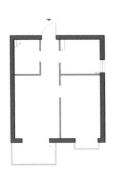

原始平面图

改造后平面图

好好住 ID
罗秀达

①小户型要想满足多人的居住需求，在定制家具时就需要做到功能复合，在制作上，要分毫不差。如果空间小，就要尽可能地克制使用颜色。室内大量的原木色定制家具统一了空间的主色调。

②起居室是一个复合空间，将厨房、餐厅、客厅与学习空间整合在一起。两米多长的大桌子既是餐桌，也是备餐料理台，更是全家人活动的核心区。

③起居室的一侧进行了上下床处理，上床部分为孩子的睡眠空间，下床

部分设立了书桌，满足了孩子日常学习的需要。

④下床部分的学习区两侧设计成书柜和收纳柜，方便学习时使用。上床部分的睡眠区开有横贯全床的长方形气孔，尽可能使狭小的空间多了一点通透感。

⑤老人的卧室中，床头两侧定制了顶天立地的收纳柜，并将中段做成了开放格，承担了床头柜的功能；卧室内无主灯的照明设计减少了天花带来的压抑感。

筑巢：43平方米下的理想与生活

面积	户型	造价
43 平方米	1 室	25 万元

位置	居住状态	
上海 闵行	有娃家庭	

设计者
涅十设计

主案设计
聂奇

原始平面图

改造后平面图

作品说明

于屋主一家而言，家是小而温暖的，是承载着梦想与希望的港湾。这个小家的面积只有 43 平方米，却是一家三口在这繁华城市里新的容身之所。设计者力求在有限的空间内，通过重新整合，打造屋主真正需要的、理想化的生活环境。

屋主夫妇从事的职业灵活度较高，在家办公的时间长，需要一个相对独立的工作区域。他们也会在网站上发布一些美食视频，因此对厨房的外观要求也较高。针对这些要求，设计者做了许多有趣的尝试。

评委会点评

本案例的餐厨设计可谓一大亮点，上下推拉的类似雪见窗的设计，用来营造半开放式厨房，加上全屋充满自然气息的材质，竟让这个小空间有了几分度假屋的欢愉、放松。

图注

①南向的卧室是这个家中采光最好、光照最充足的地方之一，设计者采用浅色调木色将光照的优势发挥到最大。顶天立地的柜体中部提前预留好了电视的位置，使整个柜体的立面看起来利落、完整且干净。

②整个空间的设计旨在满足功能需求的情况下，形成流畅的动线及明亮的生活空间。设计者对墙体做了较大改动，在主卧增加了衣帽间，满足了屋主的需求。考虑到儿童房阳台功能的独立性，设计者将洗衣机及烘干机放置在了衣帽间。由于靠近厨房，两者排水路线的规划难度不大，设计者还在洗衣机下用大理石板做了防水处理。

③卫生间采用了谷仓门的设计，门板涂刷黑板漆，可用来展示，也可作为孩子的涂鸦处。

④设计者拆除了原次卧的隔断，将原公共走廊和次卧空间分割为工作间及儿童房。考虑到整个户型的采光主要来自南面阳台，设计者将常在商业空间内使用的水纹玻璃砖应用到住宅中，在保护隐私的同时，将自然光线尽可能地引入工作间；又以端景窗户的方式再次将光线引入最内侧的

餐厅。白天阳光充足时，光线在空间内自然地渗透、延展，透过水纹玻璃砖的折射将空间氛围塑造得极为细腻、朦胧。

⑤厨房效仿了日式商业空间的处理手法，打造了一个吧台连接出餐口的设计，以大量木质材料、金属铁艺及复古玻璃在空间内的反复运用，烘托了整个空间内舒适的氛围感。设计者摒弃了常规住宅中的客厅沙发设计，利用吧台与三五好友在开放的餐厅共享美食也不错。

家里的童话树屋
给孩子一个秘密基地

设计者
未舍建筑设计
咨询有限公司

主案设计
杨圣晨、向欣瑶、
常江

原始平面图

改造后平面图

面积	户型	造价
56 平方米	1 室	15 万元

位置	居住状态
北京 东城	有娃家庭

作品说明

很多人小时候都有一个专属于自己的"秘密基地",有可能是自己的小房间,有可能是床架底下,也有可能是储藏间……每个小朋友都需要这样一处空间,它有可能小到容不下第二个人,却是小朋友放飞想象力的王国。

以幼年时的壁橱"堡垒"为灵感,设计者为屋主家的小男孩设计了一个宽 2.5 米、长 3 米的"空中盒子"。它只有 1.4 米高,但对小男孩来说刚刚好。"盒子"下面是客厅以及预留的客房空间,剩下的层高不到 1.7 米,刚好可以放上沙发,高度对于坐着的大人来讲还是绰绰有余的。"盒子"为小朋友提供了一个自由的封闭空间,也留下了很多玄机,并不会让人觉得沉闷,同时又可以使父母和小朋友之间产生更多互动。比如,"盒子"面向电视一侧的墙体并没有砌到顶,留出的缝隙刚好能使小朋友像土拨鼠一样探出脑袋,随时掌握父母的动向。并且,在沙发正上方的"盒子"底部设计了一块透明的玻璃,让小朋友能从另外一个角度观察大人。

原有户型的采光面,年轻的父母让给了小朋友的卧室,而自己的卧室不得不变成了"黑盒子"。于是,设计者采用了两道移门的设计,白天时可以完全打开,这样使没有窗户的卧室也可以变得非常开敞明亮,休息时,移门又可以完全合拢,保证私密性。同样,小朋友的卧室也使用移门,起到隔断作用。

评委会点评

这是一个很有感染力和人情味的作品。在设计手法的背后,我们看到设计者将自己的态度与情感融入屋主的生活,将自己的记忆提纯,用专业的设计满足屋主的居住需求。这是非常提倡的设计理念。唯有如此,设计者才能与屋主情感融合,打造出有温度的空间。

① "空中盒子"的设计是这个家中最惊喜的部分，给小朋友打造了一个如同树屋般的秘密天地。设计者将收纳柜和阶梯结合在一起，打造了易于攀登的错步台阶，而且适宜的高度对小朋友更加友好。

② 餐厅、厨房与客厅全部被打通，形成了开放式的空间，更有利于家人之间的互动交流。爸爸、妈妈在厨房做饭时，也可以兼顾在客厅玩耍的小朋友。

③ "空中盒子"并不是完全封闭的，小朋友可以从上方探出头来与父母进行互动，这样的高度也无须担心安全问题。

④⑤主卧的天花装有轨道，可以拉门关上，这样便形成了各自独立的空间，互不打扰。卧室移门平时可以敞开，方便小朋友在更大的空间内活动。

从"老破小"到
理想一人居

面积	户型	造价
60 平方米	2 室	28 万元

位置	居住状态
广东 广州	独居

设计者
未研设计工作室

主案设计
傅俣迪

原始平面图

改造后平面图

作品说明

　　这套房子是 20 世纪 70 年代的职工自建房，墙体非常薄，所以设计者在设计和施工的初期请了专业的检测机构现场鉴定，以保证设计方案不会增加墙体的负担。施工时，所有门洞、窗框增加了过梁，保证了房屋的稳定性。

　　原户型很方正，是标准的两室一厅，不足之处是卫生间略小，以及厨房不太符合屋主的生活习惯。设计者根据屋主的使用习惯，通过将卫生间洗手台外置、打开厨房、在房间增设隐形门等方式进行调整。另外，设计者尝试将一些新材料、新的运用方式加入设计中，比如沙发背后的护墙板是用户外生态板来代替传统的实木，卫生间的墙面使用防水性好的墙漆来代替瓷砖。

评委会点评

　　本案例中餐厨的关系处理得很巧妙。在原建筑可改造空间非常有限的情况下，设计者通过"传菜口"实现了餐厨空间的互动、连接，改善了动线。卫生间的干湿分离改造也可圈可点。

①在起居室的布置中，以 L 形沙发、单人扶手椅形成可以亲密交谈的围合式空间。沙发后的背景墙选用了户外环境常用的生态板，其细细的纹路在阳光下发生了曼妙的光影变化。

②卧室软装统一使用了稳重、安宁的大地色调，原木色、棕色、米色、淡灰色各自和谐搭配，形成了一种异常静谧的睡眠氛围。

③洗手台被从卫生间移出，设计者对卫生间做了干湿分离的布局处理，悬空的洗手柜使走廊空间显得轻盈、利落。

④如果不仔细看，我们很难看出在生态板的纹路下隐藏着两个卧室门，分色处理将空间自然地区分开。

⑤设计者对厨房做了开放式处理，并设计了类似传菜口的窗洞，与餐桌相连，这样饭菜出灶后可由此处直接被摆放上桌，既有交流的情趣，也减少了走动的动线，提高了生活效率。

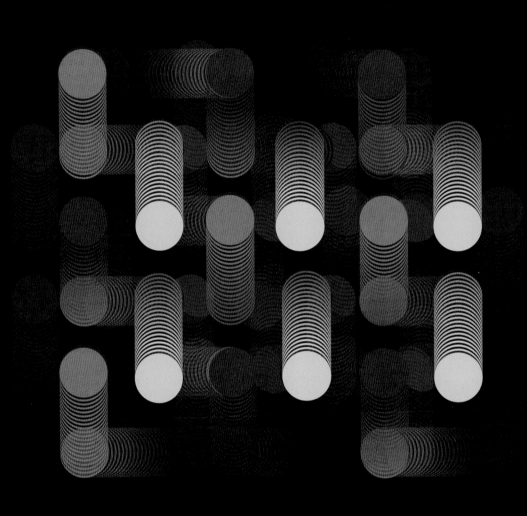

2O
5O
营造家奖
Niceliving
Awards
2020

第二章
年度最佳中户型设计

篇首解读

程晖

首先，我认为中户型设计很难做得出彩。小户型可以通过压缩面积去解决功能问题，大户型有足够的面积去展开设计，而中户型作为地产商开发的主力户型，一般很难在空间、面积上有较大突破。同时，作为改善型住宅，客户也会要求对房屋增加很多新功能，对它有较高预期，这些因素导致中户型很容易设计得平庸。

放眼全国，中户型占比很高，那么如何做好一般人眼中的常规户型呢？在这里，我结合 2020 年入围"营造家奖"的中户型作品谈一下自己的见解。

● 中户型的面积相对从容，不建议设计过于另类或者不便的功能、动线，做到空间布局合理即可，无须刻意追求设计感。

● 要做富有人情味的家居设计。我们要始终记住，人是空间的主人，所有设计都是服务于人的，不能喧宾夺主，把家变成家具展厅。

● 建议从生活本质入手，解决基本问题，增加真实的生活场景，避免纸上谈兵。空间需要真实的体验，不能只停留在照片中。

● 设计要表意，不能为了设计而设计，家居造型要和人有关联，否则设计便没有意义。

● 虽然生活要有仪式感，但是在普通人的家里最好尽量减少过分的形式感，那样对实际居住没有任何意义。

● 设计师要深入研究材料的特性，因为好的材料自己便会表达，设计师还要避免风格滥用，朴素不等于简陋，工业风不完全是黑钢红砖。没有不好的材料，只有不好的搭配。

● 戒掉网红元素。网红元素使用起来是很时尚，但是也很容易过时。我们曾经嘲笑上一代人的装修风格千篇一律，所以要警惕自己这一代重蹈覆辙。

"营造家奖"作为一个专业、严肃的设计类奖项，金奖必须具有代表性和时代性，而且作品的完整度是排在第一位的。可惜的是，很多中户型入围作品都呈现出不均衡的情况，有的空间惊艳，其他则平淡无味；有的造型完美，但平面功能稍逊色；有的设计大胆，但实用性不足，所以经过评审们一致同意，这次年度最佳中户型设计奖金奖决定空缺。

虽然金奖空缺，但中户型作品的总体设计水平还是很不错的。在此，我要推荐几位佼佼者，一是来自境屿空间研究室的作品"无风格主义的家"，作品的完整度非常高，尺度、细节、材料、氛围都把握得极其精确，只要设计师能在未来逐渐形成自己的设计语言，前景可期；二是墨菲空间研究社的作品"奇葩户型里的一场革命"，非常惊艳，令人难忘，设计师突破了传统观念，在材料方面的创新实验都很值得赞扬。有意思的是，这两个优秀作品都是设计师自宅，看来还是自己当甲方要更加自由一些啊！

相信经过一年的沉淀和升华，我们在 2021 年会看到更加优秀的作品。

后浪滚滚，终成巨浪！

重组空间的
黄金比例之家

设计者
几筑企划有限公司

主案设计
陈煦、毕惠君

原始平面图

改造后平面图

面积	户型	造价
135 平方米	3 室	90 万元

位置	居住状态
广东 广州	两口之家

作品说明

原户型是一套配置完善的大三房平层住宅，是一对年轻夫妻的婚房。屋主希望这个居所是温馨、舒适的，并且想尽可能多地强调空间互动性。设计者以空间尺度的重新分配为起点，围绕着互动性展开空间连接，最后以材质的细致搭配统一整体空间的气质。

在新的空间方案中，重新分配的客餐厅比例更好地容纳了对应功能区的家具元素，且避免了空间尺度的浪费，餐厨之间的吧台窗口、书房与客餐厅之间的内窗增加了空间互动性。

通过电视背景墙立面重新划分客厅空间，设计者将客厅置于整体空间的中间位置，进而使得客厅与餐厅的距离更加贴近。这样的改造释放了临近阳台的空间，阳台门在开合之间将两部分空间串联起来，做到相互提升和补足。

另外，设计者还重新定义了房屋的局部空间功能，例如将进门处的卫生间改为洗衣房，保留了洗手盆功能并加入洗衣机设备，满足家庭成员回到家中第一时间清洗双手、处理脏衣的需求。同时，这里释放的空间还自然地形成玄关，直接提升了内部的私密性及空间层次感。原有的客房配套卫生间改为公共卫生间，两口之家设计成三房配两卫更合适，实现了适当空间尺度内的合理功能配置。

在主卧套房内，设计者将原有的小走廊过渡空间纳入主卧内部，在改变动线的同时，从根本上改变了利用空间的方式，获得了一个更大尺度且完整的衣帽间，一个更加私密且有包围感的睡卧空间，也改变了功能空间相对独立的状态，将睡卧区、衣帽间及主卧卫生间更加自然地串联在一起。

通过对整体空间的所有功能尺度进行分析、优化，本案例几乎每一个功能空间的利用率、实用性及舒适度都得到了极大的提升。

玄关右侧是由卫生间改造的洗衣房，移门与墙面使用了同一材质，并且在移门上适当增加金属元素的点缀，显得优雅大方。

评委会点评

    从平面布局到各个立面的细节处理，这些都能看出设计者有着出色的空间优化能力和成熟的材质处理功底。从入户到各个功能空间，通过材质的衔接、延展，做到了一步一景，整体又显得十分协调。

①紧靠电视背景墙左侧的是多功能室（书房）的大窗口。这一扇大窗口为多功能室带来了更多自然光线，并且在多功能室使用书桌功能时也可以享受到客餐厅的大空间视野。电视背景墙左侧的通道是通向厨房的新动线。

②客厅坐卧区强调舒适、放松，邻近阳台的区域以装饰手法保留了一组大容量收纳柜。在解决日常收纳的同时，收纳柜也为整体低矮的家具组合带来一种高度上的跳跃式搭配。

③餐厨之间的小窗口可以用于传菜，方便两个空间进行互动。

④在新的空间设计中，设计者将原来的主卧入口缓冲区纳入主卧内部，扩大了衣帽间的空间，在其中增加了更多收纳柜体，并提升了睡眠区的私密性。

用折板串联一个家的生活

面积	户型	造价
80 平方米	1 室	60 万元

位置	居住状态	
台湾 新北	独居	

设计者
虫点子设计

主案设计
郑明辉

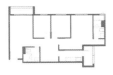

原始平面图

改造后平面图

作品说明

　　屋主从事创意性工作，不喜欢被传统格局束缚，希望拥有一个有弹性、可随心情改变的住所。设计者将房屋的原始格局打破，用折板贯穿了整个空间，将屋主的生活场域串联起来。

评委会点评

　　一个大平面通过几次翻折，成就了不同的功能空间，又让空间显得连贯、简洁，这是颇有创意的手法。而房屋的另一侧，完全找平了空间厚度，呼应了折面的流畅。

从这张概念透视图中可以看出，折板串联起了餐厅、书房、主卧、衣帽间。

通过这张剖面图可以看到折板在各个空间的实际应用场景。

好好住 ID
虫点子设计 - 郑明辉

①折板从客厅开始，刻意抬高了地面，与走廊形成区分。

②从侧面可以看出，折板是一个连贯的整体。

③在餐厅，屋主连餐桌都不需要，他说这里随处可躺可坐，席地而坐就很自在。

④在书房的折板处嵌入原木色柜体，使用悬浮设计，不破坏空间的轻盈感。

⑤折板末端延伸到卧室和梳妆台，走廊尽头的化妆镜直连天花，使得视觉效果完整、通透。

用纯色、极简收纳演绎
"空无一物"的家

设计者
观白设计

主案设计
陈阳

原始平面图

改造后平面图

面积	户型	造价
89 平方米	2 室	30 万元

位置	居住状态	
四川 成都	独居	

作品说明

　　屋主是独居的"90 后"金融青年，养了一只宠物狗，也是一位收纳控、整理控。他希望房屋的功能可以最大限度地利用起来，减少封闭区域，让空间看起来更加通透、开放，可以在这里充分感受生活的情调和浪漫。

　　原户型是一套 89 平方米的两居室，厨房和生活阳台位于整个房屋的最内侧，使用功能非常受限，卫生间又位于整个房屋的中心位置，所以增加采光是首先要解决的问题。设计者采用开放式处理，打破空间界限，重组空间格局，将这个紧凑的两居室改为舒适、通透的一居室，同时引入 LDK 一体化设计，让整个空间显得开放且流畅。

评委会点评

　　这个方案的设计技法很成熟，平面功能布置有很多巧妙的地方。另外，整个空间呈现出一种高级灰，橡木色用得非常到位。橡木本身是很高级的木材，能够在室内带来很温馨、很放松的自然感。材料的属性能够塑造整个空间的调性。

① 原次卧改为衣帽间,设计者将原房门扩大,改为透明的推拉式玻璃门,增加了房间走廊的采光和通透性。

② 设计者打掉原厨房的两面墙,将厨房改为开放式,又在餐厅和厨房之间设置了中岛。这样做不仅可以扩大操作台面,而且把厨房和餐厅连接在一起,增加空间互动性。

③ 设计者打掉生活阳台和厨房之间的墙,把冰箱、洗衣机、烘干机、热水器用柜子隐藏起来。柜子的剩余空间还可以用于储物。

④ 原次卧阳台的一边被改为工作区,另外一边改为狗窝。设计者打掉阳台和客厅之间的隔墙,让动线更流畅。

⑤⑥ 卫生间区域被完全打开:洗手台从卫生间中分离出来;卫生间和餐厅之间的墙被改为储物柜,用于餐厅区域的收纳;淋浴区的墙体被打掉,改为落地透明玻璃,引入了采光。

奇葩户型里的一场革命

面积	户型	造价
89 平方米	3 室	46 万元

位置	居住状态
浙江 杭州	独居

设计者
墨菲空间研究社

主案设计
墨菲

原始平面图

改造后平面图

作品说明

　　本案例是设计师自住，原始户型十分"奇葩"：客厅总高 5.4 米，地面下沉超过 1 米，户型整体为狭长的"手枪式"结构，玄关非常窄，餐厅区域即使是在白天采光也不好。次卧空间非常狭窄，如果放置常规的 1.5 米宽的床，余下的空间连走路都很难。主卧也不算宽敞，看起来绝无拥有衣帽间的可能。另外，除了客厅出众，餐厅、厨房、卧室等区域的空间高度并不高。

评委会点评

　　这个案例乍看会让人有一些疑惑，但是后面发现它是设计师自己的家，就感觉合理了。设计师从业久了容易被驯化，落入俗套，做出来的东西容易样板间化，要勇于用自己的家做实验，这个案例中的家拥有一种原生态和自然风格，释放了屋主的天性，非常好。

①②
在客厅上方用水泥浇筑隔出了一个书房，搭配 3 米高的书架，通过丰富的空间层次来弱化狭长的空间感。

③通过卫生间分离式设计，为主卧压缩出一个衣帽间（位于帘子后方）。

②

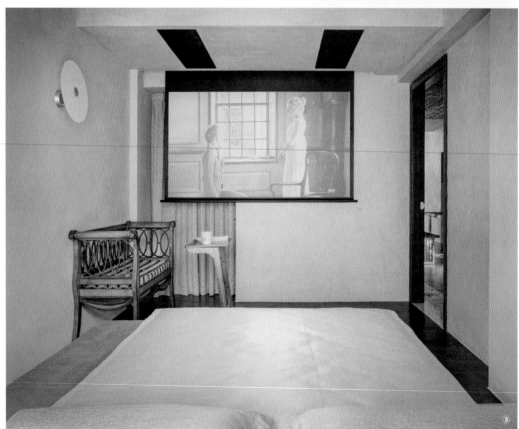

③

④采用开放式厨房，在岛台上设置升降式集成灶，扩展了操作空间。

⑤将原主卧作为次卧使用，不仅空间宽敞，还可以享受 90 度花园景观。

⑥⑦将台盆从卫生间分离出来，放在公共区域，缩小卫生间空间从而满足打造一个衣帽间的需求。

无风格主义的家

面积	户型	造价
110 平方米	3 室	45 万元

位置	居住状态
湖南 株洲	两口之家

设计者
境屿空间研究室

主案设计
赵竞宇

原始平面图

改造后平面图

作品说明

家，是风景，是岛屿，是与自己对话的容器。因为这是设计师自己的家，所以对于这所岛屿，设计师想融入自己对设计及当下生活的理解，让它体现在空间的每一个角落。

原始户型是比较标准的三室结构，但具体使用起来有一些缺陷：玄关的采光非常差，江景景观面被原有的生活阳台墙体遮挡了；屋主喜欢做西餐，会经常邀请朋友来家里聚餐聊天，但原厨房面积仅 5 平方米，无法满足社交与西厨的需求。此外，屋主还希望从视觉上实现比实际面积更宽敞的效果。

设计师拆除了玄关所有的非承重墙体，尽可能扩大采光面积及厨房使用面积，户外江景一览无余；拆除休闲阳台的墙垛，与客厅重新整合空间，使视觉效果更通透；设计呈 L 形的厨房，结合中心岛台的设计，形成开放式的社交厨房。

因为房屋只有夫妻两人居住，所以设计师希望弱化每个房间的固有属性，将工作、娱乐、健身、社交等一系列功能融入其中。最终，设计师拆除了主卧卫生间的墙体，将浴缸纳入主卧空间，同时在房屋中加入地灯、射灯和吊灯等辅助氛围的光源，增加生活情趣。

在空间塑造上，设计师通过室内风格建筑化的思维，在原走廊位置设计了一整组四面柜体，通过卧室与客厅两扇移门的开合变化形成 "2+1" 的可变化套间组合，既满足了收纳需求又实现了社交空间与私人空间的转换。

这个家是不拘泥于某种特定风格的混搭空间。在这个容器里面，居住者能够更加忠于自己、忠于生活，这是一个最舒服和最符合设计师自己当下心境的环境。

好好住 ID
境屿空间研究室

玄关墙体被拆除后，玄关和厨房都获得了更好的采光，使得开放式厨房更加宽敞。

评委会点评

　　这个案例很高级，极具风格，艺术品的选择很有眼光，所以整个软装跟硬装的结合非常完美，是具有非常高水准的家居设计。

①②③④
　　走廊的收纳柜配合两扇移门的开合，可以组合出多种使用方式。

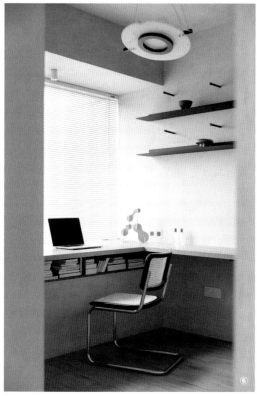

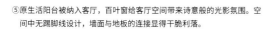

⑤原生活阳台被纳入客厅，百叶窗给客厅空间带来诗意般的光影氛围。空间中无踢脚线设计，墙面与地板的连接显得干脆利落。

⑥工作间和主卧连通，屋主在使用时可以拉上移门，使其成为一个独立、安静的空间；在休息时可以推开移门，这里便与主卧形成一个套间。

⑦主卫墙体被拆除，浴缸被纳入主卧空间，以灯光营造氛围。

69 平方米的 3.5 房
还有 3 米大餐桌和衣帽间

面积	户型	造价
69 平方米	3 室	28 万元

位置	居住状态	
福建 厦门	三代同堂	

设计者
木卫住宅设计
工作室

主案设计
吴鸿彬

原始平面图

改造后平面图

作品说明

　　屋主为方便孩子上学购买了这个 69 平方米的学区房（老、破、小），一家 5 口（4 个大人、1 个孩子）将在这个房子中一起生活。面积小、人数多，但屋主仍然希望这个房子是酷酷的风格，并且适合家庭交互生活与陪伴孩子。

　　原户型可以满足 3 个卧室的需求，但也有各种硬伤需要解决，如玄关过于狭窄、收纳空间不足、餐桌无处安放等。针对这些问题，设计师对空间格局进行了颠覆性调整。

评委会点评

　　这个案例在限制条件非常多的情况下，在一个中户型里做了三居室加地台临时睡眠区的设计，充分满足屋主的居住需求。取消了一般摆放沙发、电视的客厅格局，但是并没有因此牺牲公共空间，反而在客厅窗前和餐厨区创造了两处家庭核心区，细节也都考虑得非常周全，是一个很有亮点的案例。

①通过一组柜子（包含鞋柜、浴室柜、镜柜、嵌入式洗衣机）划分门厅与卫生间干区，最大限度地节约空间，也为通行留出了空间。

②客厅不放电视，这样可以在有限的空间内腾出更多活动空间；以墙面吊柜和地台立柜承担大部分收纳功能。地台与客厅之间安装了落地帘，有需要时，拉上帘子就可以将地台作为临时睡眠区。

③房子中间有一根柱子，设计者围绕它定制了一张长3.2米的大桌子，这里就成为家庭核心区。这里的黑色墙面涂刷了黑板墙，可供孩子涂鸦。

④小衣帽间的容量相当于3米长的衣柜，步入式设计使得拿取衣物更方便。

⑤嵌入式的梳妆台节省了卧室空间。

弧线之家

设计者
栖斯设计

主案设计
栖斯设计

原始平面图

改造后平面图

面积	户型	造价
96 平方米	3 室	50 万元

位置	居住状态	
上海 闵行	独居	

作品说明

　　本案例是建造于 20 世纪 90 年代的上海某高层板式住宅，整体呈扇形，室内大量弧墙和非垂直的转角在空间使用上造成诸多不便。在改造这套住宅时，设计者对室内弧线元素进行了形式上的"转译"，不仅解决了由弧线带来的诸多矛盾，而且让空间呈现出弧线独有的柔美气质。

评委会点评

　　非常棒的设计。原户型的扇形空间本来是设计中的一大难点，设计者通过大量使用弧形元素，将难点转化成了亮点，打造出具有超强几何感的美学空间。无论是具有分区功能的弧形门洞，还是极具装饰感的弧形线条，都为空间增添了更为柔和的延展性和休闲感。

图注

①②
原厨房与餐厅之间的隔墙被打通，使得入口空间变得宽敞且完整。这里的功能超出了烹饪区、用餐区以及玄关区的范畴。此处既是家庭中的重要交流场所，又是一处待客区域，而且沿墙设置的卡座增强了该区域的公共性。圆形餐桌搭配两把轻巧的餐椅，好似将咖啡馆的公共性与轻松感带进了住宅中。为了便于家具摆放，在基层处理时，设计者将原本有弧度的横墙拉直了，在墙角处采用圆角过渡，增添了用餐区域的围合感。拆除墙体后暴露出来的无法移除的管道被巧妙地隐藏在装饰柱中，装饰柱与梁的衔接关系再次强调了弧线的存在。

③④
起居室原先占据房屋整个中部区域，但由于走廊开口以及卧室门位置的影响，起居空间被动线切割，失去了让人长时间停留的稳定性。久而久之，起居室便成为家庭成员堆放杂物的场所。设计者将原起居室一分为二，东侧并入卧室，西侧则与原本为卧室的南侧房间联动使用，通过玻璃折叠门实现功能的灵活转变。当玻璃折叠门关闭后，南侧房间可作为临时客房使用。

⑤⑥

原卫生间西侧和北侧的实墙被拆除，用弧形玻璃隔断替代。玻璃隔断为卫生间提供了自然采光，而且竖纹肌理保护了隐私且增强了空间的柔和质感，坐式浴缸使得居住者在小空间里也能泡澡放松。

⑦⑧⑨⑩

卧室区域是一个独立、私密的系统，其中包含阳台、睡眠区、衣帽间、洗衣区、卫生间，由南向北层层推进。由于北侧区域不靠窗，全部依靠人工照明，所以设计者使用层层叠叠的弧形门洞打破单调乏味的走廊体验，打造出丰富的空间层次感，同时划分出不同的功能区域。

"老破小"变形记
活力与品位兼具的家

设计者
北京太空怪人
室内设计事务所

主案设计
潘小阳、杨昕、
赵子健

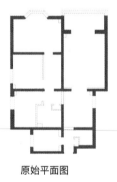

原始平面图

面积	户型	造价
100 平方米	2 室	80 万元

位置	居住状态
北京 西城	两口之家

作品说明

　　原房屋是建于 20 世纪 80 年代的三居室，层高低、空间布局分割破碎、承重墙多、可变空间小。屋主希望家是开放的、多元的、活泼鲜明的，能有足够多的娱乐空间和充满仪式感的小角落。如何把烦琐的小空间打破重组，同时融合多个功能场景需求及呈现屋主自身的情怀、个性，是设计中的重点。

　　可动墙体少，便无法在房屋结构上做更多的改动，但可以通过重新调整家具摆放形式来打破固定墙体的限制。设计师把不可拆除的客厅和卧室之间的隔墙作为动静分区的边界线。右侧为动区，除了基本的客餐厅功能，还在客厅区嵌套了两个功能空间：靠窗一侧的娱乐区和介于客餐厅中间的迷你酒吧区。静区是主卧和洗衣房，拆除了两个卧室之间的隔墙，合并为一个大套房，包括书房、衣帽间、睡眠区。从使用逻辑上看，功能排布由动至静，层层递进，围绕床和书桌各有一条环形动线，这样男女屋主可以互不干扰。

评委会点评

　　阳台的抬高处理是个有趣的亮点，不仅锻造出一个独立功能区，还让空间有了层次，此外还有个小惊喜：原本略显憋闷的半截窗，其比例也得到了拉伸，显得宽阔、舒适。

改造后平面图

好好住 ID
太空怪人室内设计事务所

①整个空间中所用到的弧形元素，都尽可能高和舒展，从地面延伸至顶面，像青草生长一样的姿态，同时有着和青草一样的交叉关系，比如餐厅墙面的弧形是向右，阳台娱乐区的弧形则向左，二者形成交叉关系。

②新居保留了屋主原有的沙发。为了让它更好地融入设计，设计者在软装方面做了一些色彩上的互补和对比，在造型上也增加了一些活泼的弧线造型和元素，这些元素与方正的沙发互补，为老套的空间增添了活力。

③挑高的地台娱乐区，拥有整个空间最人的一扇窗和最佳的景观。这一区域大量使用墨绿色，希望营造出生机盎然的感觉。

④客厅另一侧是一整面墙的储物柜体，上半段柜门交错分割，柜体局部则设计了开放格，展示了屋主喜爱的手办模型。迷你酒吧区呼应靠窗地台，做了一个台阶造型的抽屉，用于收纳女主人喜爱的茶具和茶包。

⑤这是主卧的书房区。电脑后方有一个黄铜窗洞造型，灵感源于月亮洞和端景台。书房区有很好的采光，即便空间不大，但借由窗洞形成视线透视关系，屋主在这里工作也不会觉得压抑、闭塞。围绕这面墙还可以形成一条环形动线。

旋境：一种住宅类型的幻象重构

面积	户型	造价
145 平方米	4 室	70 万元

位置	居住状态
北京 朝阳	三代同堂

设计者
戏构建筑工作室

主案设计
刘阳

原始平面图

改造后平面图

作品说明

本案例的设计过程是一次删繁就简的研究。圆形自古以来就象征着团圆与美满，所以本案例在空间概念上以圆形作为基础，梳理三代同堂的生活场景。房屋的原始户型为常规的四室一厅，各房间相对独立，设计师将圆形置入后，将空间分为大、中、小三个体块，彼此之间既独立又互通。圆弧墙体分隔了餐厨与客厅区域，弱化了固有的边界感，开放的公共空间可以同时具备待客、娱乐、用餐、休闲等功能。由入口圆心处延展出 3 条不同半径的弧形，墙体缝隙实现视线与光线双重互通，同时成为孩子们可任意穿梭游玩的奇趣场地。儿童房移门嵌入电视背景墙中，门体闭合后窗框露出，视觉上得以连通。书房做成了一个多功能集合房间，在提供日常办公需求的同时可以满足临时居住等更多可能。

评委会点评

这是一个突破陈规的设计，想改变空间中建筑给予的家的形式，打开一个新的可能性。从这里我们发现，生活可以重新环绕一个新的设计尺度，重新开始，这很有启发性，令人惊喜。

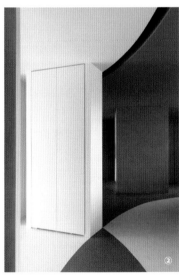

①玄关处以弧形墙体引导入户动线，由圆心处展出 3 条不同半径的弧形，指向不同的功能空间，弱化了固有的边界印象。墙体缝隙既可以透过视线与光线，对孩子而言，也是可以穿梭游玩的场地。

②从玄关进入，屋主可以看到整个空间的形态构成，正对的圆弧柱体被设计为玄关柜，便于日常收纳。

③白色地面对应弧形吊顶，形成了开放式餐厨区域，设计师运用深浅不同色系呈现了一种明亮、跳跃的空间氛围。岛台增加了厨房与餐厅互动的流畅度，操作台面增加，烹饪与用餐场景融为一体。

④柜体式电视背景墙拥有储物功能，儿童房移门嵌入其中，门体闭合后窗框露出，视觉层次多样。

⑤书房的壁床可以放下来，作为临时客房使用。

像鱼一样悠游自在

设计者
作室室内装修
有限公司

主案设计
蔡东霖

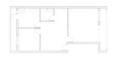

原始平面图

改造后平面图

面积	户型	造价
69 平方米	1 室	48 万元

位置	居住状态
台湾 台北	独居

作品说明

　　本案例的设计理念源于成语"如鱼得水",暗示家是让人感到安心且自由的地方。

　　动线以"∞"(无限循环)为灵感,将"洄游"体现得淋漓尽致。同时设计者通过对材质的运用,如黑铁、水泥、旧木等,让整体空间营造出质朴、安静的氛围,也体现出屋主主张朴素、静寂的生活哲学。

　　质感粗糙并保留原始设备痕迹的砖墙与细致的圆镜则暗示着此处的"天圆地方"之意,再搭配入口处可变式几何双鱼形铁件,及新置入的量体空间所构筑出的空间感,意指屋主悠游于这专属的空间之中,并让人感受到那种内在的美。

评委会点评

　　厨房与卧室的位置调换,完全重新定义了屋主的生活方式。1/4 弧形收纳空间让空间真正流动了起来,一个弧改变并创造了太多视角与可能。

①全屋偏暗的色调给人带来很强的包裹感与安全感。流畅且开放的动线，让屋主能悠游其中。

②这里保留了一面粗粝斑驳的红砖墙面，搭配工业风浓厚的明线，营造了质朴、安静的整体氛围，隐喻了家才是使人安心且沉淀的处所。

③精密的计算，使得空间规线完美对齐。多功能桌是餐桌，也是吧台，在桌面上安装了水槽，方便备餐时的清洗工作。

④弧形的墙面暗示了屋主在家中可以像鱼一样，悠游自在。两种截然不同的墙面处理方式，因同属天然材质，既能产生碰撞感又能意外地和谐共处。

⑤通过量体的置入，不但增加了空间层次，空间也因此多了独立的储藏室，扩充了家庭收纳空间。

粉、黑、灰打造的
时尚之家

设计者
方室设计

主案设计
郝露

原始平面图

改造后平面图

面积	户型	造价
115 平方米	2 室	71 万元
位置	居住状态	
四川 成都	独居	

作品说明

　　本案例为 115 平方米的二手房改造，屋主是一位热爱时尚的单身男士，喜欢粉色，有大量的玩具、收藏品、衣帽、鞋子和包，需要透明的空间进行展示和收纳，还希望新居的卫生间足够大。最终，设计者打破对房屋的传统定义，利用多重空间让室内视野变得更宽阔，同时在室内大面积用粉色和黑色，凸显屋主的个性。设计者还在室内融入水泥灰，让粉色不再单薄，而是充满质感。

评委会点评

　　这个方案是一个很时尚的作品，有很强的个人色彩。时尚感是不太好把握的，我们也不太鼓励用奢侈的材料来打造那种精致时髦感，这个案例使用了大量水泥和素色的地板，用水泥的粗糙冲抵粉色的娇柔，用廉价的材料来打造时尚感是值得我们学习的。

①设计者摒弃了传统的沙发墙，在沙发后部设计了可以整面展示的储物柜，使空间显得开阔、有延伸感。

②次卧窗户所在的墙体被打掉，将此处改为门框。设计师利用窗外柱子进行合规搭建，与LDK一体化空间围合成无边界的环形动线。

③卫生间台面、地面采用现场水磨石，缺点是工序比较复杂、耗时，优点是无缝。卫生间的墙面选用新型防水漆，与传统防水漆相比，不仅能隔绝水汽，而且不怕被水浸泡。

④全屋房间门、柜门均采用长虹玻璃，使得每处空间的光源都可以共享，满足屋主展示收藏品、衣物的需求。同时，长虹玻璃不会像全透明玻璃一样望过去一目了然，在一定程度上起到类似马赛克的遮挡效果。此处为主卧衣帽间。

⑤餐厨的一面墙做不规则的分漆处理，在大面积粉色之中用弧形切割出小面积黑色图案，墙面腰身以错色分割线从吧台延伸而出，在视觉上凸显了层次感。

现代与古典平衡下的家

设计者
个人设计师

主案设计
大梦一场

原始平面图

改造后平面图

面积	户型	造价
129 平方米	3 室	75 万元

位置	居住状态
广东 深圳	两口之家

作品说明

　　本案例是屋主自行装修了一段时间之后才请设计师介入，部分主材已经交了定金，所以设计师只能在有限的选择中，与屋主充分沟通需求。最终，设计师不仅优化了原户型的居住功能，而且在色彩、材质及软装搭配层面超出了屋主预期的效果。

　　屋主将冰箱放在厨房的预留位置之后，发现冰箱的侧面对着餐厅，视觉上不够美观，所以设计师定制了一半封闭一半长虹玻璃的厨房移门，让冰箱不再突兀。主卫的马桶原本是对着台盆、浴室柜的侧角，屋主感受有些不舒服，但马桶坑位此时又无法移动，因此设计师将传统的浴室柜改成了支架形式，搭配轻巧美观的台盆，又略微移动了门的位置，在台盆的右边增加了一整面高储物柜，在形式更美观的前提下又大大增加了储物功能。另外，设计师根据平面需要调整了局部吊顶，还改了加长风口，形式上美观很多。

评委会点评

　　设计师的设计非常得体，非常有传承，发挥很稳定，他们对软装的处理是很多屋主想要的既有装饰感，又不落俗套，还很舒服、很生活化的一种风格的典型写照。这个案子在"好好住"App 的收藏量也非常高，足见消费者对这种软装的接受度。

①②
　客厅以黑色矮护墙奠定了古典与现代结合的基调，电视柜与矮护墙高度
　一致，衔接顺畅。除电视背景墙外，客餐厅墙面均涂刷略带米色的丝绒
　效果艺术涂料，提升了全屋质感。

③厨房采用半高长虹玻璃门遮挡冰箱和橱柜的侧面，比砌墙显得更通透。

④设计师采用了复古洗手池，化解了马桶正对浴室柜侧角的逼仄感。

⑤卧室延续全屋的黄棕色主色调，床头柜和梳妆台选择藤编元素，搭配地
　毯，营造了一种复古气质。

服装设计师的家

面积	户型	造价
81 平方米	2 室	60 万元

位置	居住状态
北京 朝阳	独居

设计者
NOTHING
DESIGN

主案设计
刘畅

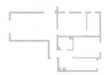

原始平面图

改造后平面图

作品说明

屋主是一名服装设计师,有很好的审美和品位,所以设计者考虑到屋主的职业身份,把主卫改成了步入式的衣帽间,其中还有可以看衣服和在家拍照的大镜子。房屋的整体风格也契合屋主的气质,黑灰色搭配,简洁又克制,没有过多装饰,在家里的任何角落都能拍得很好看。房屋改造后扩大了卫生间的面积,在玄关右边厨房和走廊的区域做了一体柜,整合了鞋柜、开放柜、冰箱和洗衣区,还在客厅做了一整面储物电视背景墙,合理分配了收纳功能。

评委会点评

整体风格把控得很好,设计者非常精准地抓取了屋主的职业特点和精神诉求,每一个角度都具有画面感,材质与灯光的配合,显得空间富有层次。

图注

①公共空间的墙面都刷了深灰色墙漆,柜子则采用黑色和木色。因为客厅的采光非常好,所以即便这里以深色为主,也不会令人感到压抑。

②③
厨房的柜门都是黑色亚光的,跟其他空间的柜子相呼应;厨房的台面也选择了黑色人造石,贴了保护膜,防止划痕产生。黑色高柜内藏了洗衣机和烘干机,内嵌了冰箱,空间显得简洁许多。

④主卧墙面采用灰色的水泥漆,两侧窗前挂了黑色的百叶帘。床头和主体是分离式的,这样床头单独挂在墙上看起来更简洁,也能节省一部分床尾空间。顶面全部是吊平顶,四周安装灯带可以让光线显得更温馨。

⑤这是由主卫改造的衣帽间,玻璃门是灰色的,不开灯的时候,从外面是看不清楚的。

好好住 ID
NOTHINGDESIGN - 刘畅

等光来：一个兼顾生活与艺术的家

设计者
无研建筑

主案设计
苏问

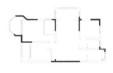

原始平面图

改造后平面图

面积	户型	造价
120 平方米	3 室	65 万元

位置	居住状态
江苏 苏州	独居

作品说明

　　原户型是传统的三居室，空间相对封闭，流动性不足。屋主希望这个家除了满足居住功能，还能满足自己的一些精神需求，比如可以让自己平静下来；屋主需要两个卧室，其余空间则尽量打开。设计者拆除次卧，使光线与空气在房屋中流动起来，位于户型中部的厨房、餐厅因此得以完全敞开，成为中心，也可以与其他空间产生联系。设计者以室内设计的方式，充分展现了空间最自由的状态，同时在空间中融入了其他艺术形式，创造出具有独特视觉效果以及能够感染人心的氛围。

评委会点评

　　在满足功能性的前提下做减法，打开南向和西向的两个采光面，并用岛台将两个空间的视线落点结合起来，很好地提升了空间的视觉通透性。此外，去掉一些额外的内部分隔以达到视线通畅的效果，也是聪明的做法。

①设计者利用粉色"盒子"打造了走廊空间,望过去有一种纯粹的透视效果。

②裸露的水泥建筑结构与细腻的软装相互碰撞,定制的纯白钢板餐桌以有趣的三角形作为支撑,具有几何美感。

③玄关整合了一组收纳柜,满足日常使用需求,粉红色的"盒子"成为空间中一个有趣的存在。

④开放的餐厨区使整个空间具有通透感,纯白的岛台与纯白的餐桌让整个空间得以延伸。为了追求空间的简洁,设计者为屋主定制了隐形踢脚线、隐形铰链、隐形门把手、无边框射灯、无边框出风口。

⑤卧室没有多余的装饰,一面白墙,一盏吊灯,一扇圆窗,足矣。

重组与建立
独立且连接

设计者
个人设计师

主案设计
边学婷

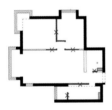

原始平面图

改造后平面图

面积	户型	造价
80 平方米	2 室	32 万元

位置	居住状态
北京 朝阳	两口之家

作品说明

　　屋主希望新居有现代感且充满生活气息，在设计层面不要过于极端或超前。设计者考虑到整体空间，利用线框元素重组了屋主与整个空间的关系，以不同空间巧妙连接起家庭成员之间的共同生活，又在尊重空间独立的基础上实现柔软过渡。

　　设计者所做的改造包括：

　　1. 卫生间干湿分离，提高利用率。

　　2. 将厨房门左移，腾出充足的鞋柜空间，拆除原厨房墙面，做成开放式厨房，增加家庭成员之间的互动。

　　3. 将主卧门进行移动，解决之前主卧门对门的问题。

　　4. 拆除次卧与餐厅之间的墙面，将次卧、办公区、餐厅与客厅全部打开，使整个空间更通透，采光更好。需要时，可以用玻璃移门保证次卧的私密性。

评委会点评

　　拆除 6 处墙体，让许多尴尬与不合理变成了个性与自洽，并不算大刀阔斧，却让各种空间功能"众神归位"，这个作品是很精彩的一例"空间微整形"。

① 客厅色调干净、柔和，所使用的木质元素令人感到放松。整个空间采用无主灯设计，多点光源搭配落地灯，共同营造氛围。

②③ 玄关地面与卫生间地面整体连接铺设，既方便清洁又划分了区域。卫生间洗手池外移到公共空间，方便屋主进门后及时洗手。

④⑤ 客厅、餐厅、办公区之间没有遮挡，次卧以玻璃移门代替墙体，日常也可以保持开放状态。

⑥ 开放式厨房以墨绿色为主色调，移动门洞位置腾出鞋柜空间。

低预算也能装出
极具高级感的家

面积	户型	造价
127 平方米	2 室	65 万元

位置	居住状态
重庆 渝北	独居

设计者
不止设计

主案设计
不止设计

原始平面图

改造后平面图

作品说明

这个房子多数时候是屋主独居，长辈偶尔会来访暂住。原户型中规中矩，三室、一厅、一书房、两卫、一厨，有许多不同功能的房间，但每个房间特别小，尤其是阳台、客厅和餐厅连成一字形，形成狭长的隧道，导致空间过窄且中间区域采光严重不足。设计者除了要解决上述问题，还要满足屋主的三点要求：一是解决海量衣物的收纳问题，二是房屋设计风格要高雅、特别，避免出现过多的色彩，三是要控制预算。

评委会点评

这个方案有很多可圈可点的地方，平面的改动有很多心思，也很巧妙，屋主的私密性空间也够大，社交空间也够均衡，能够反映屋主的生活状态。

图注

①②
将原主卧通往厨房方向的所有墙体打掉，形成一个大的长方形空间，将其定位为客厅和餐厅，然后打造一个开放式厨房。和原先的狭长客餐厅相比，新客餐厅在长宽比例上令人更舒适，这样的设计使原有的两头隧道式采光变成了侧向采光。

③④
原阳台和原客厅合二为一，变成主卧的睡眠区，打掉客厅和客卧之间的墙体，将两面长衣柜背靠背摆放，一面朝主卧睡眠区，一面朝客卧。留出原阳台下方承重墙的一部分区域，用来放中央空调，且做了隔音处理。

⑤将主卧睡眠区与客餐厅区通过一排折叠门进行连接（因为屋主长期一人居住，对私密性及隔音性要求不高），形成 T 形空间，使空间更加多变且具有流动性。屋主无论是在客餐厅走动还是在主卧睡眠区走动，都可以感受到空间的流动性，显得整套房的面积更大。

⑥将原次卧到主卧的走廊和主卫、次卫的墙体全部打掉，重新设计。原主卫区域变为现客厅的次卫，原次卫加走廊的空间整合成一个比原主卫的面积大两倍的新主卫，保留原衣帽间区域。这样的话，睡眠区、主卫、衣帽间便形成了洄游的动线，足以应对不同情况下的使用场景。

灵动的极简之家

面积	户型	造价
100 平方米	1 室	50 万元

位置	居住状态
浙江 杭州	独居

设计者
杭州辰佑设计

主案设计
辰佑设计团队

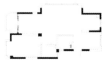

原始平面图

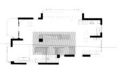

改造后平面图

作品说明

这是一个非常有个性、非常"放飞自我"的家：客厅不放电视，避免不必要的空间浪费；玄关、客厅、厨房、书房相连，制作餐桌时充分利用了承重墙，将开放式做到了极致；在卧室中借用部分卫生间空间，设计了独立衣帽间，还在卫生间做到了三分离（将马桶、淋浴房、洗漱台分隔开）；贯通卧室、卫生间及衣帽间，形成一条完整的环形动线；在收纳上，利用低调的隐形柜将生活的琐碎统统隐藏起来；设计超大落地窗，让每一天都变得美好、浪漫。

评委会点评

此作品将洗手池挪到了房间中央，创造了一个通往卧室的天然缓冲区，对卫生间进行三分离的重构手法，蛮值得琢磨。

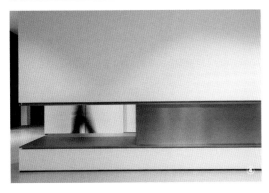

①"梦幻的悬空感"是这个家的主题。设计者将厨房与餐厅连为一体，利用不可挪动的柱子打造了酷感十足的悬空餐桌。在白色块上以小面积黑色块作为点缀，呈现了颇具现代气息的空间调性。

②设计者打造了客厅的洄游动线，一面是悬空的中心收纳柜，一面是外移的卫生间干区。中心收纳柜的一侧通往卧室睡眠区域，另一侧则连接客厅和书房，做到动静分开，更符合屋主的生活方式。

③定制的沙发倚窗而放，坐在此处可将窗外美景尽收眼底。沙发的长度足够满足多人在家做客欢聚的社交需求。

④收纳柜下方的一部分做了悬空处理，避免了大体块家具所带来的沉重感，为空间增添了几分轻盈灵动的气息。

⑤在干区置入的金属体块，其实是拔高了的"金属材质挡水条"，采用平面构成的方式将无边框圆镜与之形成前后、高低对比的层次感。

天空之城
孩子自由玩耍的空间

面积	户型	造价
150 平方米	3 室	50 万元

位置	居住状态	
四川 成都	有娃家庭	

设计者
壹阁设计

主案设计
钟莉

原始平面图

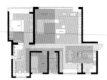

改造后平面图

作品说明

房屋之前的空间结构相对传统、单一，空间划分较为零散，导致每个区域都显得特别狭小，但走廊区域浪费较严重，众多独立的小空间满足不了屋主的家庭互动需求。设计师通过对原房屋空间结构进行重组，重新划分空间，将功能区隐藏起来，在视觉上形成放大效果。

屋主说想给家庭成员创造一个像游乐场一样的家，既给孩子一个快乐的童年，也给大人一个单独玩耍的空间。因此，设计师在满足屋主基础的居住以外，还通过设计手法将日常功能和储物功能隐藏起来，让整个空间充满乐趣并富于变化，便于家庭成员互相陪伴。同时，设计师在划分布局的时候做出了平衡，既打造了一个不一样的家庭互动空间，又保证了不同家庭成员所需要的私密空间。

每一个家庭都有不一样的生活方式与期待，本案例中的屋主想为孩子也想为自己造一个梦，而设计师则要满足一家四口对于家的幻想。年轻的父母在面临角色身份的变化时不断成长，而不变的是他们对家人的爱。设计师在满足了屋主基础需求的同时，也为有爱的一家人打造一个放松身心的乐园，满足了他们在物质以外的精神需求。

评委会点评

很欣赏这个方案，首先它有突破，居家生活不该是同一种模板，因为每一家的生活都有多姿多彩的形式，现在设计师面对的大部分是年轻的屋主，他们更加希望自己在家能够自由享受一些，哪怕是短期的，哪怕未来再改造。

①为了给孩子足够的玩耍空间，客厅没有放固定的沙发和茶几，而是用升降桌弥补了该功能。有需要时，在客厅配上几个懒人沙发便可切换成聚会模式。

②卫生间和儿童房均使用隐形门，让整体空间看起来更加高级、干净。

③客厅与走廊之间有高度差，并且用不同材质进行了区分。简单的灰色墙面，参照隐形门的轮廓以线条作为装饰，避免了杂乱和单调。

④厨房采用包围式设计，将餐厅与西厨合二为一。设计师使用搁板代替吊柜，物品一目了然，拿取也更加方便。

⑤卫生间使用干净的大理石瓷砖，营造出纯净与舒适的空间。淋浴区与洗手台使用玻璃作为隔断，保证空间宽敞、通透的同时防止水花溅入。

花 30 万 "装" 了个
75 平方米 "毛坯" 亲子宅

面积	户型	造价
75 平方米	2 室	33 万元

位置	居住状态	
福建 福州	有娃家庭	

设计者
福州大鱼一舍

主案设计
余小乔

原始平面图

改造后平面图

作品说明

这是设计师结婚生子后第一个真正属于自己的家。在平面规划上，设计师最大限度地打造了开放式空间，给家庭成员营造了极好的互动交流氛围，舍弃了空间中一些食之无味的"优点"。设计师将视野无敌的原生活阳台改为客厅的互动区，把原有的设备位区域改作洗衣房，以及舍弃主卧门原本离卫生间很近的优势，将主卧门放到了电视背景墙的位置，增强主卧和客厅的关联性。生活总是要取舍，做设计时也是一样，选择最适合自己的，就是最好的。

评委会点评

经过设计师的改造，各功能空间的连接变得流畅自然，调整后的厨卫空间分区合理，提升了居住者的生活品质，材质处理也具有整体性和连贯性。

图注

①原户型没有玄关，为了补充这个区域的收纳功能，设计师在入户门一侧做了储物柜，另一侧借用厨房吧台的部分空间做了鞋柜。

②这是从入户视角看到的客厅全貌。连接公共空间的各个弧形垭口并不是单纯的装饰，而是为了美观且自然地过渡至各个空间，化解 3 根 60 厘米高的大梁"压顶"的尴尬感。

③设计师将与客厅相连的生活阳台打通，作为日常互动区，地面抬高了 16 厘米，用来衬托窗景。窗边的墙上是原建筑的一个凹坑，设计师将顶部做成半圆造型，呼应了梁体的弧

形垭口；在凹坑中间增加层板，做成书架，坐在这里可以随手拿一本书阅读。

④设计师舍弃了传统的电视背景墙，在吊顶预留了深 20 厘米的槽，用来暗藏投影幕布。背景墙的整排储物柜用来收纳孩子需要的大量物品。

⑤儿童房门被做成了玻璃隔断子母门，门的上半部采用长虹玻璃，增加光线的流通；下半部采用木板，防止孩子因碰撞发生危险。这样的房门隔音性能很差，如果一家人的作息时间不统一，那么不推荐使用。

三代同堂之家

设计者
二言设计

主案设计
胡小朋

面积	户型	造价
120 平方米	4 室	36 万元

位置	居住状态	
四川 成都	三代同堂	

作品说明

  本案例的设计背景是三代同堂之家，屋主希望有一个半开放的书房，等孩子到了一定学龄之后可以独立使用。整个设计在满足三代人的收纳需求之外，想尽量多一些公共的开放空间，避免过多的墙体、家具干扰动线。在整体色调上，既要使用屋主喜欢的深色调，又要让整个空间看起来不那么压抑，这就需要设计师多在房屋使用材质和灯光上下功夫。

评委会点评

  这个案例的设计做得极其均衡，几乎挑不出缺点，虽然没有将原来的平面图做大的改动，但是仍然可以通过很精致、很细节的设计把空间安排完成得非常好。住宅设计其实不一定要刻意制造亮点，房子若有什么问题我们通过设计弥补它，如果没什么问题的话，我们只需要适当美化。

原始平面图

改造后平面图

①LDK一体化的设计，最大限度地保留了公共空间。窗下安装了收纳矮柜，形成了天然的飘窗台。客餐厅放置顶天立地式收纳柜，柜体用深灰和蓝灰两种颜色互相穿插，避免深色调带来的沉闷感。

②书房是开放式的，设计师还在窗户下设置了搁板，这是既是休闲放松的阅读角，也能当作孩子的小书桌。大人和孩子在同一个空间内学习、工作，彼此陪伴，共同成长。

③老人房的墙面、定制柜和地台都使用了浅灰色，在视觉上，清爽怡人，

也有放大空间的效果。老人房中没有冗余繁杂的装饰，有安宁助眠的效果。

④室内简洁的无主灯设计，局部搭配射灯和壁灯，丰富了空间的照明层次。灰色墙面的冷峻靠原木色地板加以暖化，细腿沙发不仅在视觉上显得更轻盈，也方便扫地机器人无障碍通过。

⑤双台盆加镜柜加台下盆的设置，提高了生活效率，减少了收纳与清洁的负担。

摒弃传统客厅格局
重塑家庭交互空间

设计者
西安红杉
创意设计

主案设计
欧阳子泫

面积	户型	造价
150 平方米	3 室	70 万元

位置	居住状态	
陕西 西安	有娃家庭	

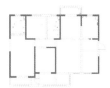

原始平面图

改造后平面图

作品说明

在本案例中，设计师帮助屋主创建了一种家庭成员互动交流的新模式。

客厅、餐厅、厨房全部打开，形成采光无敌的大横厅。沙发不靠墙摆放，在其背后设计了储物柜，同时保留了取用的通道，形成小型洄游动线。在这个空间中，用餐、会客、休闲、储物几种功能复合在一起，最大限度地满足了屋主的需求。

设计师将原来封闭的中厨和西厨的储藏间打开，利用宽阔的走廊，大大增加了中厨的空间，还在储物柜中巧妙地隐藏了冰箱，把原本中厨的操作台面变成了两个空间的"岛"。这样的开放式厨房便于和客厅的家庭成员进行亲密互动。

原南向阳台外的景观比较杂乱，并且原阳台的空间比较窄长，很难在此基础上重新利用。所以，设计师将这里打造成了一个相对独立的和室空间，通过纸窗使刺眼的自然光变得柔和，并且遮挡了窗外杂物，成为家庭成员非常喜欢的互动空间。在这里，大家可以喝茶、练瑜伽、看书、养植物……逢年过节时，这里甚至可以作为亲朋的临时卧榻。

餐厅移门两侧的位置被利用起来，增加了储物柜。这个柜子围绕着餐厅的多功能性来服务，低处的木质抽屉是按照孩子的身高来设置的，放置他常看的绘本和常玩的玩具；高处的抽屉用来放置屋主的书籍、杯具、收藏物品等。

柜体除了满足基本的收纳功能，设计师还为其定制了同色系的嵌入式拉手，打造了更好的视觉效果。

①客厅、餐厅、厨房全部打开，改善采光，在同一空间中集合了用餐、会
　客、休闲、储物多种功能。

②将封闭的中厨和西厨的储藏间打开，利用宽阔的走廊增加中厨空间。

评委会点评

　　整体来说，这个是完成度非常高的方案，尤其是很多细节能反映出设计师非常成熟，也非常自信，在设计中反映出真实的生活体验。这个案例初看就是一种现代都市年轻人向往的理想化模板，但是它在这个大基调下有很多细节的设计是非常精妙的，比如大厅动线的布置，而且厨房巧妙地跟它形成互动。还有颜色的应用，家具的线条也都非常细腻，整个调子给人感觉非常舒适，是一个很成熟的作品。

③将南向阳台打造成一个相对独立的和室空间。

④在客厅和主卧室的门型上，设计师特意设置了不同的尺寸，打破了之前的呆板形象，再加上弧形门板和顶面的曲线，让整个空间变得"柔软"起来。

根据屋主的实际使用
需求设置柜子不同高
度的储物功能。

多功能餐厨区
与家人无间相处的空间

面积	户型	造价
120 平方米	3 室	40 万元

位置	居住状态
四川 成都	两口之家

设计者
境壹空间

主案设计
靳泰果

原始平面图

改造后平面图

作品说明

屋主是一对年轻的夫妻。女主人因职业关系在家的时间比较多，所以公共区域的功能性显得更为重要。并且女主人喜欢做西餐，偶尔会有家庭聚会，因此设计师在平时餐厅区域设计了西厨以及岛台，这里也就成为家庭最重要的空间之一。男屋主平时工作繁忙，回家后除了在餐厅区域用餐，也可以在这里工作、喝咖啡，方便和女屋主进行交流，这一设计拉近了两人之间的距离。

评委会点评

从屋主的角度感受和看这个案子，它解决了很多日常生活当中必须解决的问题，包括中厨的处理、空间的改动，是一个令人满意的处理方案。

图注

①房屋玄关区域采用简约的悬空鞋柜，留出中部和底部两个镂空区域。鞋柜中部方便屋主进门后放置随手物件，鞋柜底部可以用来放置平时常穿的鞋，避免频繁开关鞋柜门。

②开放式的餐厨空间是家庭的核心区，可以在同一空间中边做自己的事边相互陪伴。餐桌与中心岛台延伸成为一体，空间整体感强。胡桃色的柜体与餐桌、飘窗和百叶窗相互呼应，给黑灰色为主的空间增添了温暖色调。

③客厅、餐厅、厨房完全打开，形成 LDK 一体化空间，视线通透敞亮，营造大横厅的疏朗

开阔之感。电动幕布隐藏于天花，需要时打开即可变身家庭影院。

④主卧使用了黑色的木质墙面，搭配原木色的家具，营造了一种既有冲突又可融合的效果。每天下午时分，西边的阳光洒满整个房间，显得恬静而舒适。

⑤以悬空电视背景墙分隔出走廊与客厅两个空间，同时组合成了 L 形围坐区。L 形围坐区的两面分别为电视和电动升降幕布，升降幕布充分利用了岛台空间，解决了由于设计西厨而损失的空间，获得了更合适的观影距离。

在家里造一个"山洞"

面积	户型	造价
141 平方米	3 室	90 万元

位置	居住状态
江苏 南京	有娃家庭

设计者
图盈拓新

主案设计
李敢

原始平面图

改造后平面图

好好住 ID
李敢

作品说明

这套房子因为位于高层建筑，所以存在承重墙较多、布局太过紧凑的硬伤，设计师对房屋进行改造，使功能更加合理，满足一家四口的生活需求。

评委会点评

这个案例非常具有生活感，看起来好像不在一种章法里面，但是能让人感受到每一个角落、每一个家庭成员都有一个属于自己、属于这个家庭独特的、自由的空间。

图注

①为了满足两个孩子的需求，设计师根据空间尺寸单独定制了高低床，采用了藕粉色和暖灰色的配色。高低床的大小圆形护栏以及衣柜的圆形拉手，均使用了女主人最喜欢的日本艺术家皆川明的布料。

②主卫通过两扇门的设计可在两种模式间随意切换：一种是主卫模式，将最外面的移门（暗门）关闭，将主卧门打开，主卫便可满足主卧的单独使用需求；另一种是公卫模式，将最外面的移门打开，将主卧门关闭，主卫则变为公卫。

③将餐厅及水吧区对外的窗景最大限度地拓宽。在这里，一家人用餐时可以惬意地享受窗外四季更迭的景色，窗边的卡座也成为孩子们平日最喜欢待的区域之一。同时，餐桌旁的水吧及餐边柜的设置，不仅可以满足不同家庭成员的饮食需求，而且提升了饭后清洁的效率。

④因为男主人经常在家加班，为了不受两个孩子的干扰，在客厅划分出一个类似山洞的工作区。旋转椅的前后双面桌设置，不仅提升了办公的效率和合理性，而且使得整个客厅空间更加灵动。"山洞"外是孩子们平时看书或玩耍的区域，这种"躲猫猫"的方式也增添了大人和孩子们之间的互动乐趣。

⑤生活是多姿多彩的，生活中使用的材质、配色也可进行混搭：整个空间根据家庭成员不同的使用需求以及审美喜好，选用了不同的色彩及材质进行搭配。

最终，在和谐的整体氛围下，每个空间也具有独立的气质。在家具及软装的搭配上，一部分是屋主从原住宅带来的，中古风、工业风、现代风，不同的风格在合理有序的搭配下并未显得突兀，反而散发着独特的气质和满满的生活情趣。

把童话"装"进家里

设计者
弥尔设计

主案设计
高云皓

原始平面图

改造后平面图

面积	户型	造价
142 平方米	3 室	36 万元

位置	居住状态
天津 滨海新区	两口之家

作品说明

　　本案例是一个非常有趣的老房改造项目，屋主希望通过设计打造一个与众不同、非传统意义上的家。最终，设计师运用现代家居设计的手法，以色彩表达为内核，为屋主构建了一个五彩缤纷的世界，一个只属于他们的家。

评委会点评

　　本案例整体空间采用开放式的布局，搭配缤纷多彩的软装及材料组合形式，构建出屋主内心如孩童般的有趣生活。空间材质、颜色多而不乱，软装细节丰富而不杂，品位与个性并存。

①"生活，就是和喜欢的一切在一起！"客厅运用了大量鲜艳活泼却不媚俗的色彩来彰显屋主的喜好。不规则的沙发、异形座椅、诙谐有趣的装饰品，就像在白色的画布上加上了不同的颜料，绘制出独具一格的涂鸦作品。

②原餐厅在放置餐桌后变得非常拥挤，十分影响通行。设计师对平面进行调整后，将原客卫的一部分空间纳入餐厅，形成了一个非常宽敞的餐厨空间。在这里，两人可以一起做饭，也可以招待亲朋。

③主卧卫生间墙面采用玻璃砖加长虹玻璃门的搭配，将卧室的光线引入，

打破了传统卧室的封闭感，光影效果格外动人。这样既保护了私密性，又让生活充满了乐趣。

④生活需要惊喜——设计师在玻璃砖墙体之中嵌入了一个小小的"彩蛋"，在黑白灰的色彩中隐藏着一个童心未泯的惊喜。

⑤书房采用了顶天立地式的柜体设计，两个书柜分居于窗户两侧，以不同的颜色划分了阅读区域，满足了各自的需求。椅子的选择也活泼有趣，充满童心的书房让工作和学习都不再枯燥。

校园里的"小木屋"

MUKA
ARCHITECTS

面积	户型	造价
96 平方米	2 室	56 万元

位置	居住状态	
上海 长宁	两口之家	

设计者
木卡工作室

主案设计
张英琦

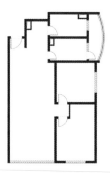

原始平面图

改造后平面图

好好住 ID
木卡工作室

作品说明

　　房屋位于某高校家属区，屋主是一对青年教师夫妇。设计师通过在原本单调的居住空间中置入 5 个"枫木盒子"，结合局部的镜面元素，形成一个高效的洄游动线，以及通透的现代生活空间。客厅放置了两个悬空的书架，共计 50 格，可以容纳两位屋主的大量藏书。高处的镜面起到了很好的视觉延伸效果，模糊并重塑了空间的界线。在这里，窗外是森林般的校园，窗内是属于两位读书人的充满理性与诗意的小木屋。

评委会点评

　　非常喜欢这个作品的五个枫木盒子的概念，在这么狭窄的空间里面用五个盒子来定义五个空间的功能是很不容易的，在镜面的部分，枫木盒子双方和底端做了镜面反射，让有限的空间可以产生延伸感，而且很大气。

①设计师在入口玄关处设立了综合玄关柜，以枫木色木饰面对天花、墙体与柜体做了一体化处理，挂衣换鞋、鞋帽收纳，大件行李甚至是未来的婴儿车都可以收纳其中，储物功能十分强大。

②中心岛台满足了屋主用餐、小酌、阅读、工作等多种需求，成为家庭核心区。仿大理石花纹的岩板岛台也是整个空间的视觉中心，并与玄关处的综合柜体契合，形成洄游动线。

③客厅不仅承载了会客起居的功能，更重要的是，满足了屋主作为教师的日常备课、看书、整理资料等需求。软装布置以轻型体块家具为主，弱化风格，让圆润的形体与硬朗的空间线条进行互补，并且避免使用中产生磕碰。

④两个悬浮大书柜之间通过枫木饰面覆盖，形成两个隐形门，分别通往主卧和榻榻米房。书柜上方高处的镜面起到视觉延伸的效果，模糊并重塑了空间的界限。除了必要的盥洗与更衣，全屋使用的装饰性镜面元素原则上都远远低于或高于人的日常视线。

⑤洗手间尽可能用白色、浅灰与镜面元素贯穿，用有限的造价做出极简、干净、耐看、耐用的空间质感。悬浮镜配暗藏灯带，水龙头做入墙式设计，打造出充满高级酒店氛围的卫浴体验。

北厅

设计者
武汉有维
空间设计

主案设计
黄诗婧

面积	户型	造价
106 平方米	3 室	32 万元

位置	居住状态	
湖北 武汉	有娃家庭	

作品说明

　　此房屋的特殊之处在于大部分空间都是北向的，所以设计师不仅要对房屋进行功能结构上的调整，而且要重新思考材质的使用和色彩搭配，从而使北向的活动空间获得通透的采光效果。

评委会点评

　　合理得体的材质安排，适度的空间退让，合理的室内门位置安排，让采光不占优势的北房，反而获得了温润耐看的质感。

原始平面图

改造后平面图

①入户墙面采用整面洞洞板，在垂直空间上挂置储物，同时留出空间用来收纳鞋子，尽可能让进门的地面保持空旷与整洁。

②温暖的原木元素在家中随处可见，白色、浅木色、浅灰色，打造出淡淡的自然系之家，墙面适度留白，装饰品十分简练，小家充满了温柔隽永的韵味。

③原厨房无法满足屋主对台面的使用需求及内部收纳的需求，设计师后期

通过对走廊空间进行扩容和叠加，腾出操作台面及冰箱的位置，满足屋主日常的收纳及动线需求。厨房与客厅之间采用通透的玻璃隔断，使厨房的光线也能进入客厅。

④房屋大量采用木制材质，营造了一种温暖、干净、明亮的居住感。

⑤整面衣柜被放置在床尾，无把手纯白柜体与墙面完美结合，达到隐身的效果。藤制家具和藤编灯具给睡眠空间增添了一份悠然的度假意味。

可开可合的 100 平方米
独立大套间

面积	户型	造价
100 平方米	2 室	50 万元

位置	居住状态
上海 杨浦	两口之家

设计者
个人设计师

主案设计
王中玮

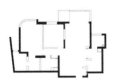

原始平面图

改造后平面图

作品说明

　　原户型是一个常规两居室，房间被墙体阻隔着，相对闭塞。房屋是屋主夫妻二人居住，但日常很少在客厅看电视，在空暇时间更多是一人在一个房间看书。因此设计师将原本封闭的书房打开，作为交通枢纽，也作为转换区，并且书房与客厅之间互通改变了原本一人一屋的状态。

评委会点评

　　很出色的一个平面设计，空间是清晰的，动线是清晰的，功能也是清晰的，尺度比例都控制得很好。

① 设计师将客厅改为
交互式布局,取代
了以电视为中心的
传统客厅布局,更
利于互相之间的
交流。

②③
两道门的设计让书
房成为可开可合的
灵活空间。屋主自
己在家时,两道门
可以全部打开,视
觉效果上更通透;
有朋友来聚会时,
屋主可以关上其中
一道卧室门,保证
私密性;屋主需要
在家办公时,可以
关上两道门,做到
不被打扰。

④做了通长出风口,
保证了视觉上的完
整性。设计师于卧
室高处隐藏了一道
灯带,避免直射
的光线影响屋主
休息。

⑤设计师巧妙运用了
不同层次的照明营
造氛围感。橱柜下
方安装灯带消除了
照明死角,方便操
作;设计在柜体下
方的灯带使厚重的
柜子如悬浮一般,
显得更加轻盈,也
给餐空间带来浪
漫的情调。

三室空间改造出
"别墅级"厨房

设计者
吾索设计

主案设计
石正钰

原始平面图

改造后平面图

面积	户型	造价
110 平方米	3 室	50 万元

位置	居住状态
江苏 南京	两口之家

作品说明

屋主最明确的需求是拥有一个大厨房。在空间改造上,设计师先大胆地把客餐厅区域的墙体尽可能打掉,再将厨房、北边阳台及餐厅进行部分整合,改造成了一个超大厨房。设计师还将客厅、餐厅、厨房以及一个小房间作为整体开敞的空间,拥有近 10 米的操作台面加 1.2 米超宽大岛台,充分满足了屋主的期待。从屋主的需求出发,设计师尽可能整合原户型的零散空间,使功能及动线在开放式的空间衔接下更具合理性。因为常住人口不多,所以在将卫生间设计成干湿分离的基础上,还将主卧的一部分空间挪给了卫生间,改造成了一个步入式衣帽间。北边厨房外的设备平台也利用起来,改造成了一个家政间,用烘干机解决了没有阳台晾晒衣物的问题。客厅与餐厅形成了一个整体,但设计师利用电视背景墙的材质,从视觉上区分了不同区域。

房屋的整个空间也没有进行过多装饰,硬装墙面全部使用白色乳胶漆,根据使用功能结合不同材质,形成了整体丰富的块面对比,用高度定制化的软装打造出空间的独特个性。

评委会点评

通过设计手法,满足屋主的个性需求,是设计定制的意义所在。如何将屋主的空间喜好和需求进行艺术化的处理和展示,考验的是设计师的创造力。这个案例给出了一个很好的示范,既满足了屋主拥有超大厨房和衣帽间的需求,又实现了空间设计上的完美平衡。

①客厅部分选择了比较短的双人位沙发，搭配坐墩，可以根据不同的使用场景，围合出更轻松灵活的生活形态。墨蓝色与南瓜橘色的对比，形成强烈的视觉冲击力。白色蜂窝帘让光线变得更加柔和，与白墙一起作为硬装空间的素净底色。

②超长的悬空电视背景墙与开放式书房形成"隔而不断"的分隔。不锈钢与彩色奥松板在材质和色调上形成冷暖对比。悬空电视背景墙的底部设计了灯带，使得体量更显轻盈。

③厨房的柜体布局充分考虑了屋主的烹饪习惯，超大的厨房中岛形成了一个宽敞的操作台面，也成了全家人交流互动的家庭核心区。

④考虑到厨房油烟问题以及燃气公司的要求，厨房设置了三联动的悬挂式玻璃移门。移门敞开时，这里就变成开放式的餐厨一体空间，且收起的移门可以从视觉上将冰箱隐藏起来，让空间更显整洁。

⑤卧室没有做过多的设计，只是布置了整体设计的床头背景板与床头柜。背景板做了线性间接照明，床头柜的柜底也用线性灯作为起夜的照明工具。干净的白墙和白色的柔光帘让更多光线成为房间的一部分。

奶咖色世界：两个人、五只猫的明媚生活

面积	户型	造价
88 平方米	1 室	31 万元

位置	居住状态
江苏 南京	两口之家

设计者
熹维室内设计

主案设计
李婧

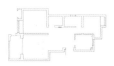

原始平面图

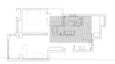

改造后平面图

作品说明

男屋主是摄影师，女屋主是婚礼策划师，从事艺术创造性工作的他们对新家的需求是安静、隽永，能够充分放松，还希望家中有足够的留白，便于入住后慢慢填充属于自己的生活痕迹。考虑到家中只有两人居住，设计师大胆拆掉一间卧室，改为开放式的餐厨一体空间，充满了开阔、明媚的气息，所有人都可以自由活动。房屋的整体设计则遵循"没有太多视觉负担"的思路，选用大面积低饱和度的奶茶色系，搭配柔和的线条、柔和风格的家具、原生态的木料，将各种温柔元素有机地结合起来，打造出属于他们的温和治愈小天地。

评委会点评

舍掉一间房换来一个独立餐厅，形成了颇有层次的餐厨空间，这个减法做得实在漂亮。因为空间释放，而得以重构的卫生间结构也值得细看。更值得倡导的，是整屋温和的材质与色彩，确实做到了屋主所要求的"安静、隽永"。

①客厅与阳台融为一体，去电视的设计为室内增添了开阔感。宽大的实木书桌为屋主开辟了一方阅读与工作的小天地。为了营造更为柔和的光线氛围，设计师选择了蜂巢帘搭配纱帘，为室内蒙上一层温柔的滤镜。

②吊柜与天花板色系相同，消除了压抑感。无把手的柜门设计使得视觉更为统一。厨房打造成开放式后，原来的 L 形台面变为 U 形，留出了足够的空间洗菜、切菜、烹饪，厨房小家电也有了容身之地。

③餐厨一体化设计之后，空间变得更为通透、开阔，大面积的大地系配上木质橱柜，烟火之地也能变得清新、温和。原来户型中的立柱被包裹成

圆弧形，消除了突兀感。两面窗户采用了拱形设计，在家做饭、用餐，仿佛度假般惬意。

④衣帽间的墙体被改成了玻璃砖墙，门洞也进行了加高处理，在视觉上更显通透、开阔。

⑤卧室没有用传统的背景墙和床头柜，甚至床体也选择了低矮的款式，将视线往下拉伸。整体空间减少了刻意、呆板，显得更加开阔、大气，营造出浓厚的睡眠氛围。

个性十足的暗调单身自宅

面积	户型	造价
125 平方米	2 室	50 万元

位置	居住状态	
四川 成都	独居	

设计者
桐里空间设计

主案设计
周彦遐

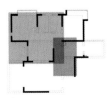

原始平面图

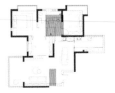

改造后平面图

作品说明

屋主从事戏剧行业，心中一直坚持着舞台梦想，所以希望自己的家犹如小剧场一般，自己伴随着聚光灯，打破空间的束缚，一步一步走向舞台的中心。并且屋主希望空间的每个角落都有一出精彩的戏剧，一步一景一梦境。

从空间上来看，原餐厨空间小，餐厅采光差，主卧和主卫的空间也十分狭小，没有独立的衣帽间，公共区域与卧室缺少过渡空间，导致动线不流畅，整个空间封闭沉闷。设计师以"无界"的理念重构空间动线，强调空间的"开与合"。"开"，即敞开融合，将房屋内所有的空间打开，在视觉上产生延伸感，整个空间犹如一个大大的套房，打造一个无拘无束的单身自宅。"合"，即通过电视背景墙、艺术玻璃门、铁艺隔栅对空间进行分割，弱化生硬的边界感，形成相对独立的两个主卧。

在材料上，整个房屋设计更多采用做旧铁艺、水泥漆、超薄石材、石纹砖等，凸显自然和个性，借由材质的斑驳来模拟岁月产生的痕迹，整体空间色调较暗，显得安静而复古。窗外的阳光透过客厅大大的落地窗洒进室内，就像小剧场里有了一束聚光灯。玄关选用独具斑驳感和时间感的深棕色铁艺隔栅"框景"，分割了门厅与客厅；一整排柜体从门厅排列到客厅，显得干净利落。柜门采用水泥类门板材质，开架部分则保留铁艺原本的做旧美和结构美，在空间中营造一种自然、复古的氛围。

餐厅的墙面及顶面都使用深色涂料，加上灯光氛围，犹如在咖啡厅一般。餐厅有一种享受人间烟火的独特格调——餐桌台面使用铁锈色岩板，给人一种内敛、不张扬的感觉。主卧延续了公共区域深灰的色调，使用的材质更精致沉稳，背景墙的深色超薄石材与空

①客厅与门厅之间设计了一道隔而不断的铁锈"框景"隔断，粗粝的材质与水泥质感的墙面碰撞，为空间增添了一种富有张力的精神感受。从客厅到门厅贯穿一整排柜体，显得干净利落。封闭的柜门部分采用的材质是水泥门板，开架部分使用了做旧的铁艺，体现了最本真的材质美感。

②"框景"除了本身带来的美感之外，还具有功能性。设计师将其高度设置为40厘米，兼具换鞋凳的作用。将餐厅打开之后，与客厅的空间连接在一起，两个空间都被放大，更添敞阔之感。

间整体搭配，凸显整体性与品质感。客厅、衣帽间和主卧之间墙全部被打通，弱化空间边界。浴室使用粗糙质感的石纹砖，赋予空间一种神秘氛围。

评委会点评

这个平面布局改得很棒，之前的户型就是非常无趣的三室两卫，每一个空间都很憋屈，改造以后变成了很有趣味的设计。平面的空间划分非常成熟，把空间划分得很细腻，设计风格是硬朗的，见棱见角，很酷。

③主卧与衣帽间以百叶折叠门相隔，折叠门可以完全打开收在最边上，这样主卧和衣帽间就能连成一体，形成主卧套房。衣帽间的采光窗户用黑色木百叶作为窗帘，和主卧的百叶折叠门互相呼应，使得空间有了延伸感。

④盥洗间采用立柱式岩板洗面盆和入墙式水龙头，既不占空间，也显得干净卫生，减少卫生死角。一整排悬空抽屉柜充分满足了浴室的收纳需求。

⑤主卧延续了公共区域整体深灰的色调，材质的使用上更显精致、沉稳，背景墙使用了深色超薄石材，凸显了整体性与品质感。客厅、衣帽间和主卧的墙全部打通，用灰玻璃和隔栅门连接起来，弱化空间边界，仿佛黑夜的尽头。

打开
是为了让爱靠得更近

设计者
以里空间设计
事务所

主案设计
汪玥

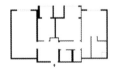

原始平面图

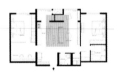

改造后平面图

好好住 ID
以里空间设计事务所

面积	户型	造价
112 平方米	2 室	65 万元

位置	居住状态	
北京 朝阳	有娃家庭	

作品说明

　　设计师将原户型的客厅和卧室进行空间对调，同时打掉了不必要的墙体，让原本封闭、独立的空间结合在一起，变成一个完整、开阔的公共空间，满足了屋主的空间需求，打开了视野。所有的改造是为屋主一家三口能在这个空间里有更多维度的互动场景而服务，让空间最大限度地为人服务。

评委会点评

　　这个案例的布局设计虽然不复杂，但是已经照顾到整个优势，在这么小的空间里把动线做得很灵活，这是值得鼓励的。

图注

①设计师将玄关区域打开，与客厅、厨房和餐厅连为一体。玄关处设立了宽 1.6 米的鞋柜，满足了全家的鞋子收纳需求。冰箱做了嵌入式设计，与厨房动线贯通。

②设计师将厨房与客厅打通，形成大横厅的视觉效果。岛台与餐桌延伸为一体，厨房变为"二"字形，可使用的操作台面更大。客厅一侧的餐椅使用了长凳，减少了视线的阻隔，使得空间更加通透。

③开放格的吊柜作为书柜使用，可满足 200 余本书的收纳需求。悬空书桌轻盈且不失现代

意味，长度达到 3.6 米，完全可以满足双人办公的需求。书房的玻璃隔断采用了极窄边框的设计，细节经得起推敲，整体显得经典、耐看。

④儿童房采用了玻璃隔断，既保证了空间的通透性，又具有私密性。顶天立地式的衣柜位于床尾的整面墙，与墙面融为一体，收纳能力简直无敌。

⑤主卧拥有良好的采光，设计师利用这一自然条件根据整体氛围设计了米色系软装，突出了主卧干净、自然的气质。

回归居住者的内心意境

设计者
言昱设计

主案设计
任虹霏

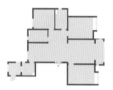

原始平面图

改造后平面图

面积	户型	造价
130 平方米	3 室	60 万元

位置	居住状态	
山西 太原	两口之家	

作品说明

　　家，对于每个人来说含义是不同的，对本案例的屋主来说则是温暖，是承载着梦想与希望的港湾。设计师力求在有限的空间内，通过不断整合，打造出屋主真正需要的、理想化的生活环境。在设计过程中，设计师努力减少颜色、形状等元素对设计的干扰，更多地考虑空间的朝向、自然采光、公共性与私密性、规模和比例等问题。

评委会点评

　　本案例的一大亮点是在全屋中央增加了一个凹形衣橱，这一动作看起来是"吃"了一部分空间，实则让屋主得到了一个品质感极佳的卧室套房。而凸出去的衣橱，也增强了餐厅与客厅各自的独立性，空间温馨舒适。

①客厅的浅色系沙发赋予了整体空间轻快、明亮的节奏，而组合式的运用，则为屋主提供了不同的使用模式。嵌入式的电视背景墙，使得客厅整体更加简约。并排的窗户和木制百叶，使空间呈现出高级而不失平易近人的生活感。

②主卧采用了非常中性的主色调，以隔栅作为主卧区域界定不同功能的元素，同时搭配白色墙面，使空间呈现出简朴、沉静的气质，增添了轻松和舒适的感觉。

③以白色墙砖及白色漆为主要元素的主卫，摒弃了烦琐的装饰手法，采用简洁、整体性强的设计语言，为屋主提供了明亮、舒适又不失精致感的卫浴空间。

④纯净的白色厨房并不会不耐脏污，反而能让居住者保持良好的清洁习惯。橱柜采用了无把手设计，整个空间用色克制、线条流畅，让人沉浸在极简的魅力之中。

⑤餐厅采用深浅木色调，显得清新又明亮。丝质的吊灯、藤编餐椅和木质百叶窗，设计师将这些充满自然气息的材质搭配在一起，营造出安逸的用餐氛围。

律师的撞色单身公寓

面积	户型	造价
80 平方米	1 室	30 万元

位置	居住状态
上海 浦东新区	独居

设计者
上海张烨建筑
事务所

主案设计
张烨

原始平面图

改造后平面图

作品说明

　　房屋的原始结构是一室一厅，正北朝向，没有直接日照，卫生间也是暗卫。考虑到屋主独居且经常加班的生活状态，以及房间采光较差等因素，设计师打通了两个开间的非承重隔墙，整合成一个开放、流通的大空间。房屋中新增了一个衣帽间，搭配墙面收纳柜，整个空间的储物能力大大提升。设计师改变卫生间的开门方向，整个空间采用冷暖两种色系来对应休息区和活动区的空间划分。空间局部曲线的造型处理，在满足屋主的功能需求的同时增加了不同以往的体验，弱化了律师在工作中那种白纸黑字的单调感，按照屋主对生活的期待打造了一间独一无二的单身公寓。

评委会点评

　　这是一间个性十足的单身公寓，大刀阔斧的空间改造非常出色。将两个开间打通，提升空间采光和流通，合理的功能分区和充足的收纳设计，满足生活所需。突破常规的冷暖色运用，彰显个性，大胆而前卫。

好好住 ID
张烨 LZA

①设计师将客厅与睡眠区打通，用水磨石写字台相隔，营造出视线通透的居住体验，让每一个功能区都能享受到两扇落地窗带来的采光。地面采用整体现浇乳白色自流平。同色系的4种红色作为顶天立地式的收纳柜，柜体前方的吊顶内隐藏着升降投影幕布，可以满足屋主的观影需求。

②睡眠区用深浅不一的蓝色打造，曲线形的壁龛内饰以波浪板，弱化原始的框架结构，曲面也让空间充满了流动的美感。

③餐桌和岛台呈垂直摆放，水磨石花纹从背景中大面积的高饱和色块中跳脱出来，充满清新自然的感觉。岛台侧面布置滑轨电源，方便灵活使用小家电。

④高饱和的红色橱柜让屋主下厨更具热情，中岛的水龙头选择了可抽拉式，方便清洁打理。

⑤活动区与睡眠区的颜色对比强烈，泾渭分明，动如火焰，静似深海，让屋主在不同空间的颜色引领下迅速转换角色，丰富了居住体验。

2O
5O

营造家奖
Niceliving
Awards
2020

第三章
年度最佳大户型设计

篇首解读

方磊

优秀的大户型设计作品，首先要精准定位大户型客户。当前大户型客户的年龄已经发生很大变化，设计师在设计时更应该对他们的生活方式进行精准定位。在精准定位的前提下，设计师还需要把握空间、功能、细节。纵观近两年"营造家奖"的大户型作品，它们着重强调比例尺度的平衡与动线关系，尤其是对别墅空间中纵向枢纽关系的梳理，还注重如何处理私密性与开放性之间的关系。

大户型的设计逻辑，首先是分析户型的硬性结构、条件，涉及建筑、景观、室内外等的互动逻辑；其次是梳理家庭成员各自的需求，从而更好地梳理大户型的功能；最后是注重细节。只有做到这些，设计师才能形成完整的大户型思维。

2020年"营造家奖"的大户型作品在空间尺度、品质感等方面相较于2019年有了较大提升。这也与2019年经过主办方、评审等多方的沟通，大赛最终决定最佳大户型设计奖金奖空缺有关。平台积极反馈其中存在的问题，大家也认真梳理、反思与调整方向。现在，虽然设计作品在大户型的比例尺度方面有了进步，但依旧有很大的提升空间，设计作品在处理动线、人员关系以及动作形式等方面还需要加强。设计师要认真对待各个维度，以保证更加优质的效果。

猫也可以自由奔跑的环形之家

面积	户型	造价
268 平方米	5 室	237 万元

位置	居住状态
北京 东城	有娃家庭

atelier suasua
刷刷建筑

设计者
刷刷建筑

主案设计
苏晓萌

作品说明

在北京的二环路边，有一个由著名建筑师史蒂文·霍尔设计的社区。那里的建筑形体和空间格外有趣，住宅楼在几十米的高空通过连廊串联，从远处看，像几个机器人在手拉手转圈圈。这个项目就是在这个社区中完成的，也是刷刷建筑的第一个居住空间室内设计作品。设计者是建筑师出身。在开始设计之前，设计者花了大量时间制作问卷，帮助屋主梳理自己的需求。这份问卷并不是简单的文字填空，而是为每个家庭成员塑造了一个漫画形象，并通过写剧本的方式模拟他们在空间中相处的场景，让屋主可以想象他们和空间的互动。

这个家由 3 个大人、2 个孩子和 3 只小猫组成，屋主希望家庭成员之间是既亲密又独立的。这个概念便成为设计的核心。在经过几轮平面图调整后，设计者最终决定抹去开发商对房屋的统一化布局，将一切归为一张白纸。设计者把整个家看作草园，家庭成员和小动物们可以在草地上手拉手自由地玩耍，坐着、躺着、爬着、跑着、跳着都可以，甚至相互追逐，尽情享受在一起的快乐。这个草园中有一个神秘的匣子，每个家庭成员都可以通过属于自己的一扇门进入匣子里只属于自己的空间。3 只小猫也有属于自己的生活线，设计者为它们设置了一套猫门系统，使它们更自由。

在细节的处理上，设计者避免营造一种刻意的设计感，因为时髦元素的视觉刺激和风格化的场景并不是家的特质。设计者将空间、材料、光线等因素糅合在一起考虑，就像谱曲一样，让旋律在空间内自由地流淌。

在灯光设计上，设计者根据不同的空间尺度安装了多种漫反射的灯具，渲染出温柔的氛围。乐曲缓缓奏响时，一切都像是从这个家自然生长出来一样。

①匣子的挤压使得草园的空间尺度发生变化，但空间一直是流通且不受阻隔的。

②③设计者在这里使用了一些在国内的家居空间中不太常见的材料，比如亚麻地板。它那种纯天然且略带弹性和粗糙的质感令人感觉很亲切。

评委会点评

　　材料应用和空间尺度的自由性，包括材料的主次关系、深浅对比，儿童空间和动物的生活方式及家庭动线梳理、空间收纳等都是优点。与此同时，科技住宅的引入和能源住宅的重新改造，也值得大家借鉴。（方磊）

1. 客厅
2. 厨房
3. 阿姨卫生间
4. 洗衣房
5. 阿姨房
6. 卧室
7. 主卧
8. 影音室

原始平面图

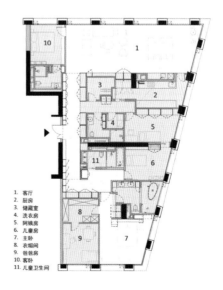

1. 客厅
2. 厨房
3. 储藏室
4. 洗衣房
5. 阿姨房
6. 儿童房
7. 主卧
8. 衣帽间
9. 爸爸房
10. 客卧
11. 儿童卫生间

改造后平面图

④厨房是中西厨分开。西厨区有独立水槽和充足的活动空间，在开放空间中备餐也有助于家庭成员的协作、交流。

⑤3只小猫也有属于自己的生活动线。因为它们睡觉、吃饭和上厕所的地点在家中的不同区域，所以设计者在属于人类用门的基础上设置了一套猫门系统，在不同的路径方向上有单向开门和双向开门两种配置，使小猫更自由。

⑥卫生间使用了白色百叶帘，可以灵活调节光线，兼顾通透性与私密性，还可以形成美妙的光影效果。

⑦所有柜体采用了无把手按压反弹的形式，尽可能地与墙壁隐为一体，使得空间更加规整，完整性更好，视觉效果也更加纯粹。

⑧主卧的色调有别于其他卧室，以冷静的灰、黑色调为主。主卧也是小猫的卧室。

⑨主卧的外立面有一扇异形三角窗，安装了整面墙的电动遮光帘。当遮光帘闭合时，主卧显得规整、大方。

在家里置入一个"盒子"
凝聚一家人的生活

面积	户型	造价
151 平方米	4 室	107 万元

位置	居住状态
台湾 新北	有娃家庭

设计者
虫点子设计

主案设计
郑明辉

原始平面图

改造后平面图

作品说明

这是一个不同寻常的家，没有沙发配茶几的客厅，也不像常见的房子那样，能轻易说出这个房间是卧室、那个房间是书房……设计师不受既定的空间形态限制，打破界限，为屋主的日常生活赋予了更多创意和趣味。

评委会点评

作品很好地融合了"盒子"与"打开"，有开有合却又各自独立。从设计精神的角度，我们看到设计者对屋主家庭的情感需求的尊重与关照，这是非常值得提倡的一种设计关怀。

好好住 ID
虫点子设计 - 郑明辉

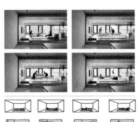

在这个空间里，生活的场域变成了一个"大盒子"，客厅、书房和储藏室被一个框架围了起来。

①屋主一家人常常聚在客厅一起聊天、看电视，男屋主喜欢在书房工作，女屋主喜欢在厨房下厨，孩子喜欢窝在沙发上玩玩具、看动画片。这3个空间因为"大盒子"设计被串联起来。

②设计者用不同色调将空间分成两部分，刻意将屋内一半地板抬高，营造了一个下沉空间，让客厅像游戏场一样。

③豆腐概念的软垫设计，可依照屋主不同时间的不同需求而变化：一家人想看电视时，软垫可以变成沙发；软垫也可以全部铺平，像床一样，一家人可以躺在上面玩游戏。这个可以坐、可以躺、可以随意使用的空间，使每一位家庭成员都感到舒适、自在。

探所

面积	户型	造价
170 平方米	4 室	180 万元

位置	居住状态	
广东 广州	四口之家	

设计者
春计划工作室

主案设计
吴家春

原始平面图

改造后平面图

作品说明

　　这套房子之前是一个比较常规的四室一厅带入户花园的配置，但是整体空间的利用率并不高，浪费了很多使用面积。屋主希望房间有多功能储物柜，并对生活动线进行调整。设计者对房屋的整体空间格局做出了较大调整。

评委会点评

　　此案例通过改变入户，在入户的动线上形成了更好的层次感。在大户型中，空间的转折和层次可以给业主带来更多有趣的居住体验，避免过于直接的单调感。

图注

①将入户花园改为半封闭的多功能区（包括书房、儿童游戏区、影音休闲区），多功能区的入口设置了一个小小的木质平台，仿若日式建筑廊檐下的缘侧，多了一份亲近自然的可爱。

②在餐厅设计了大中岛，结合餐区、收纳空间，这里成为一个综合空间模块。不同的模块中穿插了黑色、棕色与灰色，避免在视觉上产生单调感。

③在原中厨旁增加了一个小吧台，方便家庭成员用简餐；设计者使用玻璃移门将厨房改为半开放式，避免家庭成员在烹饪时感到孤单。

④增加客厅面积，并做成下沉式客厅；周围踏步采用木材，可以随意拆卸、组合，在客厅和私人领域之间形成过渡，增强了空间的层次感。设计者没有采用传统客厅的布局，而是把客厅设计成一个围合的地台，这样家庭成员就可以更加随意、放松地"虚度"时光。

⑤因主卧空间足够宽敞，所以设计者将一部分书房功能并入主卧——在床后设立工作区，这样便形成了小小的洄游动线。

⑥将原客厅部分拆掉的一间房的一半面积挪到了主卧，使得主卧可以拥有巨大的飘窗。设计者还利用飘窗设计了多功能床、梳妆台以及分散式衣柜。

以红色构建的
静谧空间

面积	户型	造价
200 平方米	2 室	160 万元

位置	居住状态
江苏 南京	有娃家庭

设计者
观至设计

主案设计
关聪

原始平面图

改造后平面图

作品说明

　　窗外雨至，微风相陪，自然为空间的静谧增添了层次。屋内恰到好处的昏黄光线，皮肤触及空气时的细微变化，写意交融，留下光线的荫翳之美……红色不是只有炙热这一种解读，也可以是极致的温柔与寂静。本案例以红色来构建空间，在红色的变化与流动中，体现空间的无限延伸。

评委会点评

　　从此案例和 2020 "营造家奖"的其他案例中，我们注意到一个趋势——端景。在一个空间里可以有很多角度，设计师会思考这些角度的不同。屋主从不同的角度看空间，会横看成岭侧成峰。这不仅适用于小户型，大户型也可以很好地应用这个概念。

①艺术家卢齐欧·封塔纳曾用刺破画布的方式，创造了一种艺术的新维度。设计者则突破了私宅设计的传统，模糊了家的布局，在入口处构建了一个悬空艺术装置。

②沙发没有靠墙摆放，这种非常规的家具布局让室内氛围显得更轻松、自然。超薄踢脚线也营造了一种干净、利落的视觉效果。

③电视背景墙设计得非常简洁，悬浮方式赋予了大体块一种轻盈感。

④卡座的设计是此处空间表达的重点，这样的设计显得既自由开放又相互联系。卡座位于客厅与卧室之间，形成了一个框景，更显趣味性。

⑤家，盛放着屋主不为人知的内心世界，可以变得隐秘，也可以变得开放；可以归于平淡，也可以足够深刻。生活中的每一个细节都包含着不一样的美好，这些淡且暖的细节会让人在情感上产生共鸣。

建筑师之家

设计者
集舍研造

主案设计
卢伟坚、何家城

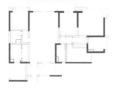

原始平面图

改造后平面图

面积	户型	造价
180 平方米	4 室	80 万元

位置	居住状态
广东 佛山	两口之家

作品说明

    本案例是一个住宅改造项目，开发商之前的建筑规划限制了大部分的室内格局，无法做太大的改动，设计者试图在这种局限中创造一个灵活多变的居住空间。在空间布局上，本案例主要在三个方面进行有针对性的调整。

    1. 利用入户花园设置成中厨和玄关，原厨房则改为西厨，让空间在使用上具有更多的可能性。

    2. 将狭长的阳台一分为二，让出一部分空间纳入书房，创造出一个多功能区。

    3. 利用走廊的位置，将洗手台从主卫中解放出来，从而得到一个三分离的卫生间，使用时更加便利且高效。

    在材料上，设计者在屋内使用了大量木材和质朴的石材，奠定了一个温暖、舒适的家居基调。

评委会点评

    将大、中户型中平平无奇的两个房间改成套间，是近年来"好好住"App 上非常重要的趋势。2020"营造家奖"中几个非常亮眼的作品都做了这种套间的改变，这也是现在的屋主非常喜欢的趋势，值得设计者关注。

①墙身使用了大面积的木材，全屋铺装木地板，软装选择了布艺沙发和羊毛地毯，使得空间更添一分质朴而温柔的质感。

②干净利落的空间设计，克制的材料运用，再配上经典的 TON 椅子，整个空间诠释了 "less is more"（少即是多）的概念，更提升了餐厅的质感。

③划入书房的阳台空间做了抬高处理，一来明确了区域感，二来抬高的部分可以用作收纳。

④厨房是中西厨分开的，西厨的冰箱、烤箱、直饮水机等电器均采用嵌入式，释放了台面，避免产生凌乱感。橱柜的下方贴心设置了灯带，消除照明死角。

⑤⑥
灯带和壁挂式马桶是提升卫生间使用体验的利器，大尺寸瓷砖的使用也让卫生间具有很强的整体感。

远山：胡桃木和瓷片构筑的平和之家

面积	户型	造价
220 平方米	4 室	200 万元

位置	居住状态
北京 朝阳	两口之家

设计者
Bridge Lab

主案设计
刘一汀

原始平面图

改造后平面图

作品说明

　　屋主在最初与设计者初沟通的时候，表示想要一间隐于闹市的安全、静谧住所，因此本案例的主材选择了青灰色的瓷片和胡桃木，从视觉上带来禅意的感受。与此同时，设计者还希望通过空间的包裹感给屋主带来一种安全感，所以在处理结构和墙体时没有追求当下时髦的轻巧、透明之感，而是处理成朴素、干净的厚重体量，从而带来一种稳定感。简洁与厚重并不是反义词。青灰色和胡桃木色作为主题，显得简明、克制，而对单一材质的不同切割、组合方式则打破了沉闷感。

评委会点评

　　此户型改造可以说是"小方法，大结果"。设计者没有从大的尺度上对房屋进行改造，但即使是改变床的朝向这样的小变化，也可以给生活带来巨大影响。这样的设计更见设计者的功底。

①玄关的尽头是连接主卧和次卧的高柜，通过柜子的完整感形成了一种"壁"的感觉，使得空间不会显得凌乱。

②起居室与餐厅相连，餐边柜用于放置各种酒和饮品相关的小电器。这里可以作为水吧。

③茶几的摆放尝试了一种新的方式。沙发围合的中间没有放置茶几，而是将它夹在两组沙发中间。即使在人多时，动线也不会相互干扰，更符合日常的使用习惯。

④此处使用不同材质进行混搭，软与硬，粗糙与细腻，明亮与暗沉。材质互为对比，也互相烘托，将本身的特性放大到极致。

⑤黝黑的火山岩壁灯和无漂白的本色亚麻床品形成了坚硬与柔软的对比，天然材质的特性让它们变得意外和谐。

极致窗景：将自然融入生活

设计者
璞采设计

主案设计
刘翰谦、樊俊

原始平面图

改造后平面图

面积	户型	造价
162 平方米	3 室	60 万元

位置	居住状态
四川 成都	两口之家

作品说明

这套房子的"先天条件"非常优越，客厅超长的阳台正对着一片湖泊，主卧的窗也朝向湖泊。屋主是学艺术设计出身，对审美有着极高的追求。最终，引入外景，让室内空间与自然环境和谐共生，成为本案例设计的核心理念。

在平面规划上，设计者将厨房向阳台扩展了一部分，保证了储物和台面的使用面积。西厨不仅可以做大餐，做简餐或三五知己用来小酌，也非常方便。在客厅舍弃了电视，取而代之的是激光投影设备和可升降的抗光幕布，使空间看起来更通透。为了享受超长的阳台和极致窗景，设计者在这里设计了一片木地台，屋主可以做瑜伽、冥想、看书、画画……这里是真正意义上的多功能区。木地台延伸到幕布的下方，便是激光投影所需的尺寸，延伸到多功能房，未来还可以在上面铺上床垫，调整为一个临时的居住空间。设计者将主卫与主卧的部分隔墙打通，使用浴缸的时候也能看到窗外的景色，为空间增添几分情调。

评委会点评

本案例的平面布局结合了屋主的需求，并且充分解决了屋主的问题，在视觉上和功能上也是相当流畅的。设计者对造型的把握有一定的功底，是经过充分斟酌的。

①阳台被封入室内,木地台和吊顶的木地板像画框一样框住了窗外的景色,营造出一种安静的美感。超大的玻璃窗,没有任何遮挡,干净得像一面动态的屏幕,实时播放着春去秋来的四季变化。

②硬装就像画布一样,为画作奠定了良好的基础。它应该集功能性、实用性于一体,因此本案例的硬装设计没有一丝累赘之感,线条干脆利落,材质和颜色统一有序、主次分明。

③多功能房的书桌也是将硬装做到极简的体现。整个桌面做了悬空处理,书桌的钢架被植入两侧墙体中,承担了整张桌子的重量。这样,桌子就成了一条轻盈而笔直的线。

④客厅的沙发作为室内体积最大的家具之一,它的颜色和面料为空间定下基调。相较于皮革面料,布艺可以令空间变得更温馨、更柔软,再加上它圆润的形态和浅灰的颜色,使得空间的气质是内敛、克制的,也和空间的色调形成了统一。

⑤主卧是相对简单的空间,但床后如果仅仅是一面白墙,未免显得有些寡淡。设计者希望主卧能温暖一些,精致一些,所以选择了硬包的材质。硬包的分格适应了床和床头插座的位置,形成不同的大小,这样看上去就没有均分显得那么呆板了。

每一缕时光的欢喜

设计者
目心设计研究室

主案设计
张雷、孙浩晨

原始平面图

改造后平面图

面积	户型	造价
330 平方米	4 室	300 万元

位置	居住状态
上海 黄浦	三代同堂

作品说明

　　设计者认为家是一个人与亲友共享私密时光的空间。理想中的家是简单而纯粹的，便是在这一隅内，阳光充足、绿意盎然，每一缕时光都自有欢喜。

　　屋主是一家五口，为了兼顾老人和孩子，在满足基本功能需求之外，设计者还要考虑如何打造一个促进家庭交流的公共空间。第一，将不必要的墙体拆除，打开公共空间，让房间有足够的采光。第二，增大客厅和餐厅，最大限度地将江景引入室内。为了给屋主打造一处精神港湾，设计者选择了较为抽象的艺术品，结合家具、空间来诠释艺术之家的氛围。

　　设计者通过门厅来组织生活线，赋予其极高的灵活性，这里不仅可以作为住宅的入口走廊，还可以作为收纳空间、集散空间以及客厅和餐厅的延伸空间。大理石餐桌位于住宅中部，是设计者亲自选材并且为这个家庭量身打造的，经过几个月的反复推敲设计。它是整个过渡空间的亮点，也满足了家庭成员不同的使用需求。

评委会点评

　　本案例将公共区域进行放大，打破了原客厅空间固化的布局，采用围坐的形式，最大限度地引入江景，使得江景既是主角也是背景，促使我们去思考家与外部环境的关系。

屋主非常热爱艺术，整个住宅的背景就像是干净、纯洁的帆布，为艺术的挥洒提供了充足的空间。在这个项目中，设计者就像画布的提供者，屋主则是描绘这幅作品的"灵魂画师"。最终，屋主和设计者一起创造了这个独特的艺术品。

①客厅的空间约为80平方米，为了不破坏整体的大空间感，设计者将电视背景墙与书柜整合到一起。在材料的选择上，设计者摒弃复杂、烦琐的装饰手法，采用简洁、整体的设计语言，营造出一种轻松的居住氛围，并使得空间更加开阔。

②针对屋主个性化的生活方式，对功能分区进行整合是十分有必要的。为了统一空间氛围，同时开辟出独立的功能区，设计团队避免使用传统的割裂式布局，尽可能地整体化设计客餐厅区域，从而为空间的使用打造出更多可能性，让家庭成员有了更多的对话空间以及共享空间。

③休息间、衣帽间、卫生间，高效的空间序列构成了完备且舒适的主卧套房。

黑色金属直线条作为空间搭配中的重要元素,其代表的"点""线""面"与鱼肚白大理石所包裹的墙体、洗手台代表的"体",形成了对比,营造出一种层次感。

11 个门洞的"老破暗"
改成阳光满满的艺术新居

面积	户型	造价
190 平方米	4 室	80 万元

位置	居住状态	
上海 长宁	两口之家	

设计者
桐话空间

主案设计
张通

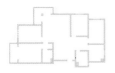

原始平面图

改造后平面图

作品说明

　　屋主是一对年轻的新婚夫妇，这套房子是他们的婚房。房屋的地理位置很好，但是建于 20 多年前，原始户型的缺陷比较明显，动线混乱，缺少储物空间。最大的问题是家里竟然有 11 个门洞，却没有像样的玄关和餐厅。设计者重新梳理了全屋空间，将原书房改造成餐厅，连通了餐厨空间；并开辟出一个步入式衣帽间，以及多处大面积储物空间；运用色块、材质、隐形门等手法，将 11 个门洞的难题全部化解。屋主偏好素雅的风格，设计者还根据屋主的喜好，融入了他们的兴趣——摄影元素，对其加以变化后运用在整个案例中。改造后的空间有收有放有留白，是一个特别契合屋主、能令人感到放松的家。

评委会点评

　　本案例的整体效果很好，设计者在公共空间和私密空间的设计力度是一致的，特别是洗漱区。这是我比较欣赏的地方，不像某些设计项目在公共空间的设计力度很强，一到私密空间，落差就很大。通过简单的改造，玄关空间增加了衣帽间的功能，避免直接进入玄关的尴尬。在玄关处改造的两个圆弧，也不是为了设计而设计的。

①这是屋主入户后看到的第一个场景。橙色酒架好似相机的取景框,为工作归来的屋主带来了好心情。

②原户型的玄关和客厅过大,使得空间没有秩序感。设计者利用玄关的左侧打造了一个步入式衣帽间,与工作室的对角采用弧形设计。玄关、走廊、客厅形成先放后收再放的关系,赋予空间一种韵律感,也进一步放大了空间。

③屋主喜爱咖啡和鸡尾酒,经常与朋友在家聚会,因此设计者在客厅设计了一组小吧台。台面采用悬浮安装法,显得简洁又有设计感。这里还可以看到2厘米的超薄不锈钢踢脚线。

④这是客厅通往餐厨区的走廊。别出心裁的灯光处理,使得一个普通的走廊多了几分仪式感,也为屋主的拍摄工作创造了一个特别的布景。

⑤主卧采用低饱和度的灰咖色搭配黑胡桃饰面,显得静谧、沉稳。床头的灯带设计非常适合睡前阅读时使用。因为主卫过小,所以设计者将洗漱区设置在阳台,通过抬高处理划分层次。洗漱台的背景墙选用的是仿岩石质感的深灰色瓷砖。

极简之家：纯净空间里的"盒子"房屋

面积	户型	造价
198 平方米	4 室	68 万元

位置	居住状态	
河南 郑州	有娃家庭	

设计者
323_STUDIO

主案设计
赵斐

原始平面图

改造后平面图

作品说明

屋主是一个三口之家，一对年轻的夫妻和可爱的女儿。屋主的主要诉求是拥有一个供两岁女儿玩耍的空间，孩子长大后，这个空间还可以通过改造继续为其所用。设计者把儿童活动室放在整个房屋的中心，也是公共空间和私密空间的过渡地带，空间的灵活度非常高，也可以作为整个空间的视觉中心。儿童活动室当作一个独立的房屋植入原本的空间。为了弱化承重墙，设计者在墙体的部分也做了植入，和中心的儿童活动室相呼应。整体的基调是白色为主的极简风，弱化一切不必要的装饰，营造纯粹的氛围。

评委会点评

设计者在平面规划和材质运用方面的突破值得肯定，中心的木盒子试图打破传统设计模式，并赋予空间多变的功能性。

①为了保持整体空间的连贯性，设计者将顶面整体压低，但在局部设计了天窗，利用灯光和造型进行平衡。全屋做了无踢脚线设计，顶地采用了阴影缝的处理。

②儿童活动室以"房中盒"的形式呈现。盒体中部是开放的，与外部空间形成了隔而不绝的空间体验。盒体底部的照明带打造了一种悬浮效果，中和了盒体自身的沉重感。

③盒体顶部采用软膜天花，打造成仿若室外自然光一般的效果，光线更加柔和，对孩子十分友好。

④在植入的盒体中保留了围合的概念，孩子在木盒子里感受到的更多是温馨的包裹感，但在围合之中又打破了原本的屋顶和墙面的束缚，引入了外界的光源。

⑤全屋除书房外都采用了无主灯设计。除了采用极少的射灯，全屋主要采用间接照明，营造出一种通透、柔和的氛围。

湖边的"潮玩之家"

面积	户型	造价
171 平方米	4 室	90 万元

位置	居住状态	
广东 广州	两口之家	

设计者
一点设计工作室

主案设计
吴佳

原始平面图

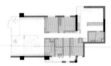

改造后平面图

作品说明

这套房屋位于麓湖湖边,身处山林、草地、湖泊之中,自然环境十分优美。屋主是一对年轻夫妇,他们从事设计相关行业,喜爱自然,喜欢旅游,爱收集潮玩。设计者由此切入对空间的设计,从空间动线、功能设置、收纳系统和软装营造这 4 个层面,打造了一处集极简主义和潮流时尚于一体的居住空间。

原户型玄关狭窄,厨房离餐厅太远,设计者便将入户左手边的厨房拆除,空间分隔成两半,一半留给玄关,一半留给屋主作为画廊使用。设计者将厨房改在餐厅旁边,使下厨与就餐更为便捷。之前的主卧需要从书房绕进去,因此设计者将主卧入门处改在玄关右上侧,之前的书房作为一个单独的就寝空间,利用隐形门将卧室房门藏在过道中。屋主希望通过室内设计满足他的一些艺术品的收纳及展示需求,为此,设计者将入户玄关柜、画廊墙面、客餐厅整条长形收纳柜,甚至是空调出风口、客厅茶几的空间都充分利用起来,在各个区域实现了展示、收纳。此外,为了能充分利用优越的自然环境,设计者在可欣赏到美景的地方做了一处超级大的地台,坐在地台上就可以近距离欣赏湖光美色,也能很好地将窗外的美景与室内设计融合。

评委会点评

本案例从平面到立面都体现出设计者超强的整合能力,在满足每个空间的收纳需求时兼顾了设计的整体性。从藏品、家具到空间材质的处理,都充分体现出屋主的审美和喜好。

① 玄关地面采用水磨石地砖,对空间进行了区分,洞洞板与旁边的柜体结合,满足了日常收纳的需求。

② 主卧木地板采用鱼骨拼的方式,将通顶的柜体作为隔墙,使主卧分成睡眠区与衣帽收纳区。

③ 客厅采用经典的黑色调、白色调、木色调,简洁得如同画廊,可以展示、衬托出屋主收藏的潮玩:空山基机械霸王龙、KAWS玩偶,还有专为千年隼号定做的茶几,使得客厅充满趣味性与灵动感。

④ 木色温润,白色清爽,黑色跳跃。大面积原木色桌体与白色柜体、吧台进行搭配,显得自然、舒适。

⑤ 架高的地台形成了一个观景休闲区,丝毫不浪费窗外的绝美湖景。

三合一重组平层家居空间

面积	户型	造价
330 平方米	3 室	150 万元

位置	居住状态	
内蒙古 锡林郭勒	两口之家	

设计者
HOMEZONE
空间设计

主案设计
王博

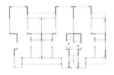

原始平面图

作品说明

    屋主是两位"95 后"，希望将 3 套同样户型的房子合理地整合成 1 套，成为适合自己生活方式的理想居所。在与设计者第一次见面沟通的时候，他们就拿出了一份"考题"——他们早在半年前就开始搜集、整理关于这套房屋设计方面的资料，以及自己的需求与想法，可以说是有备而来。设计者给出的解决方案是，在平面规划上做到动静分离，给予私人空间更好的保护；细分使用功能，合理利用好自然光线以及灯光设计，避免产生光污染。

评委会点评

    设计者对简约空间中的线条把握以及灯光处理非常令人欣赏，整体空间的调性也很有品位。

改造后平面图

①玄关处深灰色的墙面与顶面的射灯幻化成了浩瀚的宇宙与星空。地面如同湖海，倒映出浪漫的圆月。

②客厅与西厨之间的墙体，既是一种空间造型设计，也合理划分出不同的功能区。

③餐厅的玻璃酒柜是原户型中一套房子的入户门位置。由于墙面与顶面都是深色的，设计者在保证照明功能的同时，增加了环境光源的间接反射照明，营造了整体的空间氛围并使其得到提升。

④书房是一个开放式空间，屋主不仅可以在这里办公学习，还可以在这里组装手办、玩偶，更可以邀请三两好友一起在这里打游戏、交流。异形书桌打破了深色系空间的沉闷，显得炫酷且富有趣味性。

⑤西厨区的台面空间充裕，开放式与封闭式相结合，增加了操作的便捷度。磁吸轨道灯可以根据屋主的需求灵活移动，使用时十分方便。

"精简生活"之旅

面积	户型	造价
170 平方米	3 室	70 万元

位置	居住状态
四川 成都	有娃家庭

设计者
Finespace 多纷
设计

主案设计
杨隽

原始平面图

改造后平面图

作品说明

　　屋主是一对中年夫妇，因儿子就读于附近的中学而迁入这套新居。有过几次装修经历的屋主，对何谓理想生活居所已有较为深刻的理解。经历过年轻时忙忙碌碌、孩子年纪小时家居环境过于"丰富"，他们希望可以回归近似"二人世界"的简单生活。在一次偶然之中，屋主与本案例设计师结缘，大概是因为年龄相近，彼此的生活状态与感受颇有共同之处，双方在经过一番时间不算长的沟通后，就敲定了新居设计的委托。

　　房屋整体朝北，因此室内设计采用了明快的浅色调，辅以带有自然质感的深色系元素，在空间中加入一份利落感。原空间结构不够规则，设计师便进行了一定的调整与局部"软化"，使之形成具有隐约变幻的心理暗示与反差美。房屋去掉冗余之后，原本的小空间、小结构得以开放，而原本开放的空间则变得更加开阔。

评委会点评

　　本作品的空间规整可以说做得干净利落，尤其是针对屋主夫妇的需求，大胆重构出了一个主卧套房，在我们的观察中，这种套房概念深受新一代屋主的喜爱，值得提倡。

①起居室整体线条利落、干脆，整个空间有质朴归真的气质。无主灯设计搭配落地光源，在满足照明的前提下兼具营造氛围的功能，电视隐于背景墙之中，空间的整体感更强。

②深色木饰面从天花上贯通下来，在视觉上有聚拢的效果，与浅色木地板形成对比，营造了局部氛围感。书架融于餐厅，精神食粮在这个家中具有同等重要的地位。

③电视背景墙做了悬空设计，消弭了厚重，简洁的电视背景墙背后是收纳功能强大的储物柜。影音设备藏于背面柜内，正面仅可见遥控设备的"小窗口"。

④阳台是敞开的，深色隔栅将休闲阳台围合起来，既显得与邻居独立又带来了"宽景"的视觉感受。

⑤纯净的白，带来明快与利落；完全开放的主卧、卫浴空间，带来起居新感受。

屋外可望山
屋内可攀岩

设计者
季意设计

主案设计
李佳

面积	户型	造价
200 平方米	3 室	100 万元

位置	居住状态	
四川 成都	有娃家庭	

作品说明

　　屋主当时被窗外的山景打动，便为自己的三口之家买下了这套房子。房子的房龄有点大，原始格局也比较封闭，原始的钢结构楼梯处于整个房子的中心，影响了左右动线，但好在可改造的空间比较大。

　　一层的改造是：拆除入户花园与卧室之间的隔墙，将原客厅换到原主卧位置。打通客餐厅，通过岛台衔接，将功能集于核心，围绕岛台形成动线。扩大厨房空间，将原餐厅和生活阳台囊括进来，中西厨功能齐全。将原楼梯间改到露台位置，搭建阳光房，将山景融入室内，楼梯间也可以作为孩子的攀岩游乐场。

原始平面图

　　二层的改造是：搭建花园形成主卧，两个阳台分别承担观景和生活的功能。考虑到孩子以后会搬到一层居住，儿童房会改为主卧配套的书房，所以一家人暂时共用一个大卫生间。观景阳台与楼体之间为玻璃隔墙，引入光照和景观；生活阳台靠楼梯间一侧做实墙加固，为攀岩墙提供了基础，也遮挡住生活阳台不好看的一面。

　　通过重新调整布局，达到开阔空间以及优化功能动线的目的，同时最大限度地利用了房屋观景的地理位置，使得室内与自然更亲近。

改造后平面图

评委会点评

　　设计者将原卧室"打开"，与餐厅串联起来；厨房向外推，可以容纳岛台。从这个作品中，我们看到了年轻一代屋主对开放、串联的餐厅、厨房、客厅关系的新需求。

①打破玄关与客餐厅的界限后，设计者在这里打造了一个宽阔的下沉玄关，地面使用瓷砖材质，方便清洁，同时避免将尘土带入室内。左侧承重柱涂刷黑板漆，日常可以作为留言墙使用。

②从客厅望向玄关，围绕两根承重柱打造了西厨岛台，整个玄关、餐厅、客厅和楼梯间串联在一起，空间的宽敞也带来了自由的行进动线。

③厨房左侧为西厨烘焙操作区，中岛台作为补充。右侧中厨区域为L形布局，水槽和灶台形成三角操作动线，从水槽处的窗户可以看到山景。

④主卧床的背后原本是落地窗，但因离对面楼很近，考虑到隐私性及保温效果，设计者便对其进行封闭处理。墙面留了一部分空间做内百叶电动窗，兼顾通风性和隐私性。

⑤楼梯间的挑高为6米，正好给好动的孩子做了一面攀岩墙，攀岩墙内部使用钢架加固，安全绳则固定于顶面钢梁，攀岩钉可以随着未来的使用需求进行增加、更换。

130 平方米毛坯
变身有格调的简约之家

面积	户型	造价
130 平方米	3 室	70 万元

位置	居住状态
浙江 杭州	两口之家

设计者

青云居建筑设计
有限公司

主案设计

张建青

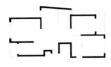

原始平面图

改造后平面图

作品说明

　　屋主希望通过设计使全屋的功能更合理、采光更通透、整体视觉效果更开阔，希望能最大限度地发挥江景房的优势。设计者据此进行了设计和改造。

评委会点评

　　在不违背生活使用场景的前提下，设计者将书房空间打开，将原本切分为 3 小块的起居空间整合为开阔的综合大空间，使得自然采光更加连续，契合了屋主诗兴流畅的氛围体验需求。

图注

①设计者将正对入户门的一堵墙拆除，做成了地面抬高 30 厘米的开放式书房，并在地台下方安装了灯带，不仅满足了屋主的阅读需求，而且改善了空间的采光，还增进了互动。

②主卧与主卫的隔墙处设计了圆形长虹玻璃窗，打破了单调性，增加了空间的神秘感。

③主卧与原次卧之间的走廊过于宽敞，有些浪费空间，所以设计者在此设计了一个衣帽间（位于左侧折叠门后），将衣帽间的墙体与主卧的墙体拉平，既满足了屋主的收纳需求，又显得非常美观。

④将厨房的小阳台包裹进来后，设计者对厨房的台面进行了延伸，将水槽设计在窗户旁。这样不仅使得烹饪动线更合理，而且屋主在洗碗、洗菜时，还能顺便欣赏窗外的江景。

⑤儿童房的阳台因为不是落地窗，设计者便做了抬高地台的设计，形成落地的效果。这样做可以扩展视野，半弧形的垭口造型显得生动活泼，带有强烈的童话感。

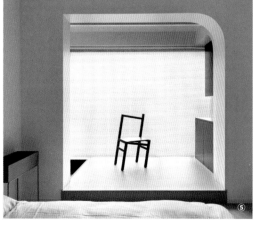

和光，不同尘

面积	户型	造价
188 平方米	3 室	60 万元

位置	居住状态
浙江 温州	有娃家庭

设计者
温州拾一空间设计

主案设计
砚南、夏红

原始平面图

改造后平面图

作品说明

　　宇宙再大也始终由不得我们去布置，自家再小却值得我们去漫游。将自己的喜好，全部"换算"成现实，然后沉浸于这片空间：餐厅是味蕾的乐园，疲惫时有沙发为你撑腰，思索时有阳光为你引路。自选的吊灯是属于私人的星光，即便外面暮色四合，你仍可以在这片天地里尽情畅游。

　　既然外面的世界充满规则，那就别给自己的家立规则了。临近开放式厨房的餐桌可随时切换为书桌，如果食物能给工作带来灵感，两者兼备也无妨。客厅的每一处都在诉说着"请便"，窝在松软的沙发里，或者在飘窗边接受暖阳的洗礼，任由光随意地摆弄生活的轮廓。可分可合的门，使得自由得到重新调整。穿梭其中，是360 度无死角的环绕，唯有家，给人繁忙都市无法给予的畅快。温馨，是家的终极内核，极简的木色制品构建成的生活区，配以绿植的点缀。看书时佐以一杯茶，让思绪与茶叶一同沉淀。洗浴空间主要由一尘不染的白构建而成，剩余的颜色是洁净、松弛与自由。睡眠是卧室的主题曲，但我们还要给睡眠辅以前奏：大人该躺在藤编椅上，就着月光，摇晃着酝酿睡意；孩童该在书桌前看一个奇趣故事，将五彩斑斓的童话揉进梦里。家是唯一的，所以设计者打造了一个能够隔绝外部世界、令人期盼回归的空间。这里是生活与自由的根据地。

评委会点评

　　设计者重新整合了原户型里零碎的空间，分隔了公共、私密空间，并且使得公共空间变得可开可合。本案例重视公共空间整体功能的整合与分类，既强调了家庭成员的互动性，也保证了在某些特定功能需求下的私密性，这是 2020 年非常重要的趋势。

①屋主喜欢简洁、明亮的空间，设计者便去掉了所有不必要的墙体，打通了公共空间，用隐藏式移门连接了客厅和多功能区。空间以木色为主，配以绿植的点缀，显得温暖、安宁。

②餐厅同样有充足的采光，橡木色木饰面、同色系地板搭配白色墙壁与吊顶，使得空间既明亮又有质感。橡木色收纳柜为整体空间添加了些许稳重感，与充满童趣的创意摆件相得益彰，使得空间充满了生活气息。

③厨房采用黑白相间的色调，集成灶、冰箱、烤箱等大家电均为嵌入式，

显得简洁、利落。水槽、灶具、冰箱形成高效的三角形动线。

④卧室环境是影响屋主睡眠质量的重要因素，所以设计者为屋主营造了一个宁静优雅、光线柔和、温度适宜的睡眠环境。

⑤儿童房则是充分考虑到孩子自身的性格特点而营造的小小世界。它的亮点在于化零为整，明确了收纳区域，此处功能的划分也经过精心的设计，室内装饰饶有趣味，是激发孩子创意小宇宙的理想乐园。

光影重塑

面积	户型	造价
280 平方米	5 室	180 万元

位置	居住状态	
湖北 武汉	有娃家庭	

设计者
武汉壹零空间设计

主案设计
李静

原始平面图

改造后平面图

作品说明

　　本案例是一套大面积平层住宅，如何让空间动线更合理，如何提升居住品质，是设计者首先要考虑的问题。其次，在确保家庭成员互动性的同时，也要兼顾居住的私密性，因此设计者在空间布局上进行了许多合理的微调。室内的软装方面则是从细节出发，营造出屋主的独特气质，打造出优雅迷人的生活场景。

评委会点评

　　原餐厅和厨房的关系是僵硬的、苍白的，经过设计者的重新布局，构成了封闭中厨、开放西厨、转角吧台、圆形餐桌的流畅动线，而上述几者亦符合我们观察到的年轻一代屋主对餐厨的需求趋势。

①在 7.3 米 ×4.4 米的长方形客厅，沙发以对坐形式摆放，便于彼此进行交流。设计者摒弃传统电视背景墙，以人字拼地板花纹作为背景，并以壁炉进行点缀，形成独特的视觉中心。屋主对电视的需求不大，设计者便安装了投影仪，仅在看电影、看比赛时放下幕布。

②设计者将与原餐厅相连的房间并入餐厅，形成超大的餐厅空间，满足招待 8~10 名亲朋好友的需求。透过书房的玻璃移门，两面的阳光相互呼应，映照在餐厅，让开阔的空间显得暖意融融。

③设计者将与餐厅相连的原厨房设计成开放的西厨区，而原厨房后面的保姆间则改造成封闭的中厨。一家人平时会在这里吃早饭，边吃边聊，收拾起来也方便。中岛加上后面的整排料理台，即使备餐、烘焙时用到再多材料、工具，也能放得下。

④客厅外的休闲阳台
是屋内观景的最佳
处，所以设计者去
掉移门，将此处设
计成地台，做成男
屋主喜爱的茶室，
该区域的茶台、茶
具展示柜、水槽一
应俱全。

⑤主卫宛如星级酒店
的一般，马桶、淋
浴、浴缸，全部分
离，为屋主提供了
更舒适的卫浴环
境。设计者还将梳
妆台与洗面台设计
在一起，护肤、化
妆合二为一。梳妆
台两侧设计了薄
柜，可以收纳各种
梳妆用品。

"轻"与"重"

面积	户型	造价
158 平方米	4 室	80 万元

位置	居住状态
北京 通州	三口之家

设计者
行十设计

主案设计
张威

原始平面图

改造后平面图

作品说明

房屋位于京杭大运河河东，第一次勘查现场时，设计者就被窗外的城市景观和运河景观深深吸引，反观屋内设计却暗淡许多，精装现状和建筑格局都不尽如人意。屋主之前居住的房子里堆满了厚重的中式家具，空间氛围比较沉闷，并且储物空间无序，视野也不开阔，在这样的环境里居住了 10 多年后，屋主期待在新房开启轻松自在的生活。屋主不希望对房屋的水电和吊顶做过多改动，但在具体的设计手法及理念上，则给予了设计者充分的思考空间。

设计的核心思路是重组房屋内部及室内外空间的关系，在解决功能问题的基础上，通过运用造型、材质、配色等方式，平衡"轻"与"重"的关系，尝试营造出具有中式内核的现代自由空间，平衡每一位家庭成员对新家的期待。

经过改造，设计重新改变了房屋材质与配色，使之在空间形式感上达成统一。设计者打通了厨房和餐厅，不仅增强了客餐厅的视觉空间感受，而且利用两组双向开门的悬空吊柜串联客餐厅，方便屋主在筹备三餐时能随时与家庭成员进行眼神、声音和肢体上的互动。设计者还重新整理了家政动线，在洗衣、晾晒、收纳、清洁时，不会干扰公共空间的活动。设计者将原公共卫生间及储物间串联到设备阳台，解决了暗卫无光、不通风，还有走廊黑暗、无生活阳台、储物空间不足的问题。

评委会点评

尽力打磨材质与配色，尽力用设计能力去包容男女屋主对视觉风格的需求差异，这些都是本案例的看点。这也引导我们去思考：设计应该是需求的折中，还是需求的容器？

① 电视背景墙的两侧有一扇门，设计者将其中一扇做成隐形门，另一扇也使用同色进行弱化处理，将视觉中心留给电视背景墙面。电视背景墙选用潘多拉大理石纹岩板，在提升空间精致度的同时，与其他材质、色彩搭配起来显得十分和谐。

② 搭配男屋主收藏多年的两把明代圈椅，设计者以不同色阶的橘色系单品和材料与之呼应，串联出富有中式韵味的现代空间。

③ 在沟通中，屋主多次表达对传统"多宝阁"的喜爱，因此设计者在连接3个重要空间（客餐厅、厨房、玄关）的造型中植入了"多宝阁"概念，用薄不锈钢板和悬空柜体进行重新解构，让家中体量最大的造型柜体有中式意蕴，且兼具现代实用功能。

④ 床头软包做弧形处理，并在半高处安装了隐形灯带，合理的照明高度避免人躺在床上时对眼睛的刺激。

⑤ 软装采用了柔和的灰白色调，在卧室营造出一种温柔、安静的就寝氛围。

黄昏的时候夕阳照进五颜六色的家

设计者

佐耳制造

主案设计

王飞、王科

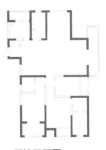

原始平面图

改造后平面图

面积	户型	造价
144 平方米	4 室	67 万元

位置	居住状态
江苏 无锡	有娃家庭

作品说明

为了增加通风、采光、提升空间利用率，设计者对这套房子做了如下改造：

1. 保证核心功能：保证有两个朝南卧室、一个备用卧室，选择一个动线便捷的卫生间作为常用卫生间。

2. 借空间：保留客卫，增加双排收纳，使用移门及玻璃砖弱化区域的分割感，又起到实际隔断的作用。去除厨房与储藏室的门框限制，使用外挂吊轨移门，不做饭的时候，厨房可以形成与公共空间互借视野的区域。考虑到现代人的生活方式，设计者打造了一个局部抬高的"盒子"空间，满足孩子玩耍、大人陪护及电脑办公的需求，并且在抬高区域的台阶中增加了换季收纳功能。主卧套房的卫生间保留台盆、马桶，解决原本收纳不足且采光差的衣帽间结构，打造衣帽间内藏如厕功能的空间结构。

3. 整合：尽可能满足屋主对材质、色彩的喜好，以及控制预算投入。主卧使用颜色拼块区隔出套房，儿童房因扩入了原始结构中的阳台，所以用几何线条及颜色拼块弱化其梁柱限制。

评委会点评

设计者在大户型中"挤"出不少收纳空间，两个卫生间都退到尽头"藏"了起来，这些做法值得仔细琢磨。竖百叶、竖纹玻璃、竖纹墙面与人字拼地板、半高涂墙进行搭配，显得复古、耐看。

①客厅的电视柜与抬高的多功能房台阶做延伸处理，具有很强的整体设计感。阳台垭口与吊顶的弧形设计相互呼应，使得空间产生了关联性。

②东南面区域大面积使用波纹板和木纹板进行装饰。餐边柜以悬浮的方式吊装于墙面，显得柜体格外轻盈。一个餐边柜用于封闭收纳，另一个餐边柜用于开放展示，两者可以满足屋主不同的功能需求。

③局部抬高的多功能房可以作为孩子日常玩耍的游戏区，小小的圆形开窗既为孩子提供了一种探索外部世界的可能，又使空间造型更加生动。

④北面区域以脏粉色连通，厨房采用吊轨移门。不涉油烟时，厨房可以保持开放状态。

⑤室内采用复合人字拼橡木色地板，起到以小显大、提亮的作用。家具的选择以圆角为主，避免尖锐的边缘，对孩子十分友好。

营造家奖
Niceliving
Awards
2020

第四章
年度最佳复式空间设计

篇首解读

龚书章

今年复式户型空间设计的金奖和入选作品，不仅表现出非常多元且独特的特质，也揭示出复式住宅空间的多重生活可能！尤其是金奖作品"半空间——探索空间的自由性和互动性"，通过非常精练、简单且低造价的空间改造，让一个农村旧民宅充分地表现出空间剖面上的多向实虚层次，也塑造了设计师自身丰富且独特的生活私密性和公共感，实属难得！另外，来自顽鄙设计的作品"自在与边界——三代人共同成长的家"，则通过各种不同的挑空穿透、实虚墙体和有机错落的地板等，形成了多层有机且自由流动的生活场景，让这个复式住宅在不同时间有了持续变化的生机。而来自钟思群的作品"颠覆传统户型，这个工业风太惊艳了"也非常独特地让一个独立楼梯和采光窗作为反转地下暗室的空间主题，让楼梯和家具来引出一系列可静、可动、可居、可游的生活，进而形成一个具有仪式感的开放生活场域。

半空间：探索空间的
自由性和互动性

设计者
上海几言设计
研究室

主案设计
颜小剑

面积	户型	造价
96 平方米	2 室	15 万元

位置	居住状态	
浙江 台州	三代同堂	

作品说明

　　本案例是设计者和父亲联手打造的自宅，是一个完美平衡极低造价和乡村师傅建造手艺的项目。这是一个用时间织补的家，一个寄托了特殊情感的小空间。

　　改革开放后，浙江省南部地区的农村出现了一种独特的建筑类型，多为窄开间、长进深、多楼层的形式。这种设计使得各楼层之间空间相对独立，但单个楼层的功能相对单一，空间互动性弱。另外，因家庭成员有限，所以顶层乃至高层数层楼大多闲置，造成了浪费。几言设计研究室以空间互动体验为探索契机，针对 5 楼空间进行改造，试图打造一个满足复合功能需求的家庭活动场所。

　　为了实现这一目标，设计者将原有的空间柱收纳到墙体内，将大物件储藏功能暗藏到吊顶余量里，有意识地将日常功能区的层高控制在 2.2 米，尽可能保留楼梯间及起居空间的原始层高，以此划分空间。

楼梯是设计者的父亲
手工打造的，并没有
刻意追求精致，是一
份记忆和匠心的承载。

①②

　　设计者在高度余量中加入了半层阁楼，满足了多层次的活动需求，同时
提升了空间感受。楼梯原装饰性栏杆被替换成无边框的超白玻璃，形成
虚虚实实的空间律动，使人如同置身于画廊。

评委会点评

    设计师以简练的手法，将空间个性塑造得恰到好处，同时充分展现出纵向空间的虚实关系与递进层次，平衡了空间的私密性与公共感，且空间的布局安排与开口设计具有空间感，营造出独特的氛围和纯净的生活场景。（龚书章）

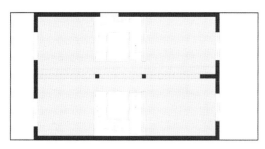

原始平面图

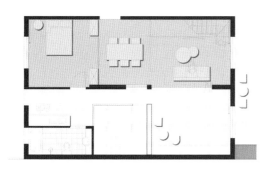

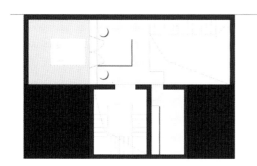

改造后平面图

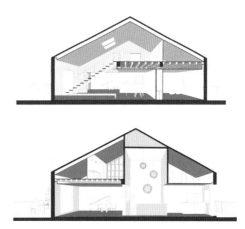

改造后剖面图

③楼梯入户处设置了
一组与外墙窗错位
的同构窗洞，构筑
了画中画的效果。

④设计者保留了原有
的坡度空间结构，
这个特殊空间后来
成为家庭中最重要
的交流场所。

⑤屋顶安装了智能采
光天窗，赋予了空
间斑驳的光影。

⑥⑦
空间是家庭活动的
重要载体，为了给
日常活动腾出更多
空间，卧室的面积
是很小的。设计者
利用组合的移门柜
体划分空间，当中
间的移门打开时，
卧室和主空间融为
一体，成为一个没
有边界的私人场所。

⑧楼梯和基座属于一
体化设计，在保证
受力的条件下，满
足了储物收纳、陈
列展示、摆放座椅
的多重需求。

诗意的栖居
300 平方米的极简美墅

面积	户型	造价
300 平方米	5 室以上	150 万元

位置	居住状态
福建 福州	两口之家

设计者
阿加空间设计

主案设计
褚晏

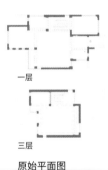

一层

三层

原始平面图

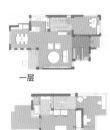

一层

三层

改造后平面图

作品说明

  这栋房子位于福州乌龙江边，属于独栋别墅，面积为 300 平方米，有天有地，溪水围绕。房子周边栽种了香樟，满目的绿意好似要从房子大大小小的窗户里扑进来。在这样好的背景下"作画"，实在没必要大肆铺张，因此设计者特意使用了简单又坚实的材料，希望用最少的着墨最大限度地发挥空间本身的真实之美。

  经过两年的建造，完成后的空间看上去简单、静谧，但起风时，树影透过那些大大小小的窗户，还有三楼书房的天窗在摇曳，此时呼应树影的是溪水在天花板上"流动"，云朵从窗前飘过去。这栋房子随着自然的变化而变化，自然赋予了整个空间一种"动"的含义。

  安藤忠雄说过，建筑是一种媒介，使人们去感受自然的存在。当屋主行走、驻足其间，于房子的任意一方空间之中总会遇到诸多美好，或是邂逅一束光，或是遇见一枝新绽的绿芽。在这个空间之中，我们能够看到光，能够看到大自然的变化，能够发现四时皆不同。房子的装修设计虽不奢华，却能使人感受到一种精神上的富足，这也是设计者想在此案例中表达的。

评委会点评

  在这个案例中看到了诗和远方，设计层面有很多可圈可点之处，最动人的还是设计师真正站在用户的角度，非常细腻地思考，去提升他们的居住体验。案例中空间和自然的结合非常舒服，空间布局、材料的运用、软装的处理都恰到好处。

① 溪流从窗前经过，阳光直射水面的时候会有粼粼波光反射到餐厅的天花板上。简单质朴的木质餐桌椅与清新自然的室外环境相得益彰。

② 客厅一侧内嵌了黑色置物展示台，其高度设置得较低，契合了人坐下时的视线高度。客厅没有摆放电视，纯粹的交流空间让情感得到升华。

③ 玄关以木饰面做了全方位覆盖，塑造成隧道的感觉。设计者用这种手法来处理内外的过渡空间，由外及内、由尘世入内庭，屋主的内心将不再有赶路的匆忙感。设计者在客厅选择了设计感十足的家具，为大空间"提气"。

④ 厨房空间刻意选择了 600 毫米 ×1 200 毫米的素白大砖，凸显横条长窗的韵律美感；黑色岩板台面搭配黑色水龙头、水槽，整体线条流畅、利落，完美烘托了空间的质感。

"穿插"手法让每个 功能区都有独立空间感

面积	户型	造价
70 平方米	2 室	30 万元

位置	居住状态
江苏 南京	两口之家

设计者
SIM 简线建筑

主案设计
林薰

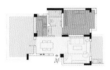

原始平面图

改造后平面图

好好住 ID
林薰

作品说明

  设计者将位于一楼的露台纳入室内空间，在增加室内面积的同时引入了室外光线。在家具的处理上，设计者多运用穿插手法，使得家具与墙面融为一体，看起来更轻盈，更具整体性。穿插手法也多用于功能区的划分，餐厅成为公共区域的枢纽，同时与周围的书房、厨房、客厅在视觉上产生关联，使得多个空间环环相扣，增加了趣味性和互动感。改造后连贯的动线安排，也赋予了空间更多的可能性。

评委会点评

  空间中小体块的结构穿插和色彩材质跳跃逻辑清晰，手法成熟，收放得当，很好地将深浅色泽及动静氛围融合，使空间具有张力。

图注

①在硬装阶段预制进墙体的悬浮楼梯减少了空间的压抑感，显得轻盈而灵巧，也是天然的猫爬架。

②餐桌以饶有趣味的穿插设计手法得以显现。木色餐桌层板穿插入墙，倚墙而生；白色钢板组合而成的洗手池穿透餐桌层板，构成餐桌的另一个支撑。木质的柔润、温暖与墙体钢板的坚硬、硬朗形成鲜明对比，同时提升了空间的趣味性。

③卧室背景墙砌了半墙，可以作为床头的收纳

区与展示区。墙体的灰蓝色具有稳定人心的心理效果，让睡眠环境更加安宁、沉静。

④客餐厅一体化设计，用色限制在纯净白色、温暖木色与冷峻黑色之中。悬浮楼梯如同琴键一般，给空间带来梦幻般的光影变化。

⑤半开放式书房做了抬高处理，与阳台相隔，做到了隔而不绝；视线与户外相连接，空间有了自由的流动性，家人之间的交流属性也得到了增强。

不完美，不折腾
一个明亮、生动的家

设计者
观待设计

主案设计
石佳玉

一层

二层

原始平面图

一层

二层

改造后平面图

好好住 ID
石佳玉

面积	户型	造价
174 平方米	3 室	37 万元

位置	居住状态
四川 成都	有娃家庭

作品说明

　　这套房子是位于成都市龙泉驿区的一个老小区，周边植被丰富。屋主之前的居住环境潮湿、采光差，所以希望新家是明亮而富有生气的。屋主预算不高，所以整体室内设计风格较为质朴，没有过多的造型和装饰，很好地控制住了造价。

评委会点评

　　这个作品的软装与材料，实乃住宅设计的佳作，特别值得玩味。多元的材质，略显凌乱却充满生活的张力，细看收放自如。承载真实生活的住宅，需要的就是这般富有生命力的气息。不去计较绝对的规则，着眼大局，才能包容复杂多变的生活。

图注

①因为屋主夫妻喜欢看电影，并且非常重视与孩子之间的互动，所以整个一楼的公共区域都用来进行家庭活动。客厅为电影区，供夫妻二人日常观影。

②一楼有两间卧室，一间为孩子的卧室，另一间为娱乐室，供孩子偶尔看动画片用，兼作客房。

③西厨和餐厅是母亲与孩子一起烘焙的地方，客厅后面的楼梯间兼亲子空间则作为孩子写作业、做手工的地方。

④二楼主要为主卧，上楼后是以玻璃地面材质打造的阳光房，屋主平时可以在这里晒太阳、弹琴、看书。

⑤主卧软装以白色为主。设计师在天花上安装了木质吊杆，飘逸的床幔与白纱帘增添了一分浪漫的度假氛围。

⑥二楼走廊与客厅挑空空间使用镂空的隔断作为扶手，在视觉上也显得更加通透。整个空间的软装以大地色系为主，使用绿植点缀各处，整个环境显得自然、灵动、生机勃勃。

下沉式客厅 + 超美庭院
打造治愈系美家

设计者
双宝设计

主案设计
张肖

面积	户型	造价
300 平方米	4 室	150 万元

位置	居住状态
重庆 渝北	两口之家

作品说明

　　这个家的女主人是一位充满古典韵味的女士，对茶道、花艺均有涉猎，闲暇之余还会弹弹古琴。她也喜欢大自然，喜欢那里新鲜的空气、温暖的阳光、独有的静谧。设计者将"治愈"和"包容"作为屋主新居的主题，希望这个家能像自然一样给人以内心的能量。

　　设计者在客厅区做了下沉式处理，选择了围合式沙发布局。下沉式处理打破了传统的平面布局，巧妙运用高低错落的手法分割了空间，含而不露，在视觉上形成凹凸感，也在心理上给人一种亲切的包围感和安全感。在材质上，设计者选择"天然去雕饰"，通过简单、接近自然的木材作为主材，用大面积的落地玻璃窗最大限度地将自然景观融入室内设计中，不用过多的点缀，整个空间就是屋主与自然相处的最佳观景台，是治愈心灵的平静空间。

评委会点评

　　素雅质朴的室内空间与古朴自然的室外空间自然而然产生连续感，让整个空间更加舒展开阔，和谐流畅。空间结构化繁为简却功能齐全，大量木质材料的使用，为空间营造出质朴温润的平和感，让人身心放松，宁静而治愈。

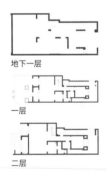

地下一层

一层

二层

原始平面图

地下一层

一层

二层

改造后平面图

好好住 ID
双宝设计

①热爱自由的女屋主，希望家里能呈现一种无拘无束的生活状态，在充满生活气息的同时，家又能够给予人心灵上的安慰和治愈。设计者将客厅区下沉，选择了围合式的沙发布局，重新定义对客厅沙发的布局，使客厅显得轻松与自由。

②设计者将 6.5 米 × 7 米的过厅区域做成餐厨一体，以此连接客厅和入户区；中岛与餐桌连在一起，形成了充满活力的区域；餐椅选用了更具活力的酒红色；厨房也不只是一个提供日常饮食的地方，而是一个承载着亲朋好友之间沟通交流功能的社交场所。

③地下一层则重点打造如山间森林般的自然气息。不规则灰色石头抱枕随

意地散落，在采光井下随性"生长"的绿植，仿佛使得这里与大自然更亲近了。为了解决防潮问题，地下室的墙面特别选用了仿木纹铝隔栅，不仅防潮，而且方便打理。

④设计者以质朴无华的材质和素雅清淡的色调在卧室中营造出贴近大自然的感觉。床头采用原木色饰面板作为背景墙，整体色彩饱和度偏低，令人感到心情放松，仿佛置身于森林。

⑤室外花园选用木隔栅保护了隐私性，罗汉松和观石灯是整个花园的主体，整个空间从外到内都遵循着"自然"的设计法则。

原木色的静谧之家

面积	户型	造价
117 平方米	2 室	60 万元

位置	居住状态	
四川 成都	有娃家庭	

设计者
未见空间设计

主案设计
王军

一层

二层

原始平面图

一层

二层

改造后平面图

好好住 ID
未见空间设计

作品说明

　　这套房子的屋主是一对年轻夫妇和他们的小宝宝，他们希望拥有一个符合自己的生活方式及审美的家。除了基本的日常生活，做手工、看剧、看书、备课、陪女儿玩耍，是夫妻二人的主要休闲活动，他们希望家是简约的、有质感的，拥有柔和的光线和慵懒的氛围。

　　房屋的原始格局是三室的跃层住宅，楼下有一个房间，楼上有两个房间。一层靠窗位置原有一个卧室，挡住了客餐厅的通风和采光，使客餐厅变成了暗室。由于屋主一家仅三口人居住，只需要两个卧室，所以设计者去掉了一层卧室，将多出来的面积纳入客厅。之后，设计者又拆去了一层卫生间楼梯前面的墙，让一层整个公共空间实现最大程度的开阔。

　　二层主要为休息区域，原先的两个卧室和卫生间分布极其不合理。主卧不规整，占了二层的一大半空间；卫生间在主卧里面，儿童房的女儿使用起来不方便。设计者把主卧和楼梯间的所有隔墙拆除，只保留儿童房的完整性；正方形的卫生间往前扩展，方便主卧和儿童房共同使用。重新规划后，主卧变得方正，既有储物空间又有独立的梳妆台；卫生间设有双台盆，淋浴间能同时容纳两人，靠窗的位置还能放下独立浴缸。

评委会点评

　　这一复式空间比较复杂、异形，尤其是衣帽间的部分。整体来说设计师非常用心地解决了基本的三口之家的问题，处理手法很成熟，该解决的都解决了，尤其是客厅的大书架，直接反映出屋主家庭非常有书卷气、很文艺的状态，屋主的状态通过这个书架能够完全呈现出来。

①屋主一回家就能看到开阔的客餐厅空间。因为拆掉了部分墙体，光线可以在空间中自由地流淌。靠墙设置了一排长 6.5 米的书架，上半部分为开架形式，方便随手取放；下半部分为悬空移门柜体，方便扫地机器人工作。一整排书架都是收纳空间，收纳功能很强大。

②长 2.6 米的餐桌可以满足一家三口的用餐需求，同时可以兼顾屋主备课、亲子手工等活动需求。左侧玻璃移门后是生活阳台，洗衣池、洗衣机、烘干机等一系列家政用品归置在此；右侧玻璃移门是厨房，可封闭，可开放。冰箱和电器柜布置在餐厅区域，使得厨房操作区域更加规整、宽敞。

③楼梯间下方的门和卫生间门采用了隐形门的形式，统一以木饰面进行装饰，在视觉上显得更加整洁。天花顶面设置了投影幕布槽，有观影需求的时候即可放下幕布，进入影音模式。

④二楼卫生间采用了 1 200 毫米 ×600 毫米的同色墙地砖，显得统一、干净。双台盆提高了生活效率，卫浴柜不落地，平时更好打理；镜柜下方设置了感应灯带，方便洗漱时照明使用。

⑤主卧地板采用橡木，与木制床头板搭配，使得整个空间显得更加温润、柔和。床头灯带采用开关控制，根据不同使用场景可以调节灯光的强弱。室内使用了不锈钢薄踢脚线，不易积灰、变形。

自在与边界
三代人共同成长的家

面积	户型	造价
240 平方米	4 室	95 万元

位置	居住状态
湖南 郴州	三代同堂

设计者
上海顽鄙设计

主案设计
吴波、易礼

作品说明

　　这套大房子是一家三代六口人在居住。同一屋檐下，大家有着不同的居住观念和生活习惯，设计者希望帮他们找到"差异化共存"之道，让每个人都能拥有属于自己的天地。

　　房屋原格局是以房间作为分隔依据，如客厅、卧室、书房等，这种传统、呆板的格局划分已不能适应当下多元的生活需求，也阻碍了家庭成员间的交流和互动。设计者根据三代人不同的生活方式，将两层空间做了相应的规划、调整，一层沉稳大气，二层自由开放。

　　考虑到老年人的身体状况和居住习惯，他们更多时候会待在一层，所以一层的设计重心倾向于"大人们"。除卧室、卫生间，其他均为开放或半开放空间，视线所及之处，各空间似断似连，非常有层次感。家庭成员间的交流变得更舒服：即使各忙各的，"我知道你在那儿"就好。

　　在保持主卧独立性的前提下，二层的空间更为开放：没有明确的分界线，更能适应多样的生活方式。设计者提出"泛家庭活动空间"的设计思路，结合环形动线串联起各功能性空间：阅读、攀岩、玩乐高、学习、运动、听音乐……甚至连接着孩子们的床榻。但是，这些并不是孩子们的专属，而是属于所有家庭成员，整个空间设计注重的是共同参与、共同探索。

　　这套大房子突破了传统意义上以房间划分为主导的设计思路，它不再是机械的平面布局，而是变得有生命力，会伴随屋主一起成长、变化。

①②
起居空间为二层挑空，为避免形成纵向不稳定之感，周边尽量保持开阔，使空间保持连贯。玄关柜的背面正是起居室的视线焦点——一幅淡雅水乡装饰画，其色调与整体基调呼应，完美契合。玄关柜延伸到了二层，又变成书桌，一体化设计让空间显得更加简洁、大气。

③餐厨区域做了开放式处理，大岛台为厨房增添了多种可能性。原餐厅的尺寸并不大，因此楼梯采用了半通透设计，显得轻盈又透气，避免产生压迫感，也平添了一份朦胧美。楼梯下方是大容量柜体，可作为餐边柜使用。

评委会点评

　　这个案例将平面布局、空间关系，以及住宅设计最核心的生活方式都关照到了。做设计，需要关注人群的实际需求。这个案例将儿童趣味感的体验设计得非常丰富，尤其是挑空这一处特别有想象力，将上下楼层的生活方式很好地连接在一起。另外，走廊在一套房子中往往是被闲置、浪费的空间，设计者将它设定为图书馆，植入了功能，也形成了一个流畅的动线。

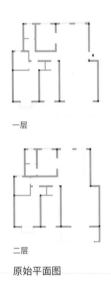

一层

二层

原始平面图

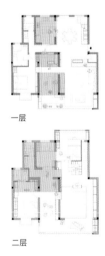

一层

二层

改造后平面图

④⑤
茶室位于客厅与老人房之间，与储藏室隔道相望。长长的桌子足够容纳多位知己好友，身处电视背景墙的背面，位置也更加私密，增添了亲密无间的交流氛围。

⑥⑦⑧⑨
设计者重塑了二层的空间格局，打破了原空间的束缚，使边界变得模糊，空间变得更加自由、流动。环形的空间无疑是孩子纵情驰骋的游乐场，这里时常上演姐弟俩的追逐戏。总长度达 8 米的顶天立地收纳柜，收纳了孩子们成长过程中大量增加的物品。

起舞·留白

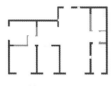

面积	户型	造价
210 平方米	4 室	50 万元

位置	居住状态
辽宁 沈阳	有娃家庭

设计者
幸福格色

主案设计
康源、孟艳

原始平面图

一层

二层

改造后平面图

作品说明

年轻而美好的生活，就像蝴蝶在阳光下扇动翅膀，那样轻盈、自在，不被繁杂和沉重的事务束缚。

本案例为单层 4.6 米高的顶层户型。屋主是一对年轻的小夫妻，两个人都是舞蹈教师，热爱舞蹈、美食、摄影，喜欢简单纯净、不失灵动的生活。设计者采用"隐"以及"简"的处理方式，在设计中将所有浮华褪去，将一切芜杂隐匿，让生活变得更加简单、轻盈。设计者在原本高挑高的户型基础上浇筑出第二层空间，不仅增加了空间功能的多样性和层次感，而且让人与空间的互动变得更加灵活。年轻的生活，因简单纯粹而幸福。好的装修设计，可以洞察人的需求，化繁为简。

评委会点评

这种户型是比较少见的，一层变两层，原挑高有些尴尬。设计者经过精密的计算，了解屋主的生活状态，考虑家庭成员的身高、生活习惯，与专业的结构工程师讨论，确定了这样一个设计方案。从居住的角度来看，这一方案非常合理，令人感觉舒适，同时把屋主的兴趣融入设计，这一点做得非常高明。

①沙发背景墙处的鱼缸设计是整个客厅的亮点。鱼缸下侧隐藏了所有相关
　设备，斜面吊棚包裹了空调主机，回风设计藏于窗帘盒内侧。设计者的
　"隐"让空间得以简化、释放，所带来的不只是美观，更是生活的便利。

②餐厅是屋主进入房屋后第一眼看到的地方，简约本白、现代质感的餐桌
　搭配原木餐凳，在形成对比的同时，也令人感受到了自然的呼吸。西厨
　位于原卫生间的位置，设计者则对中厨做了功能补充。

③中厨保持素雅白色，调料等小物收纳于墙上，趁手又实用。

④二层活动区是屋主更加私密的活动空间。设计者在这里仅仅选择了少量
　家具，尽可能保持空间的通透、开放。

⑤卧室的设计简洁、纯粹。设计者去掉了烦琐的床头背景，仅以木饰面做
　半墙装饰，且连接了床头柜区域，凸显了空间的质感。

拥有超大江景的
跃层复式住宅

面积	户型	造价
600 平方米	5 室以上	450 万元

位置	居住状态
江苏 南京	三代同堂

云行空间建筑
UNI-X ASSOCIATES

设计者
云行空间建筑

主案设计
潘天云

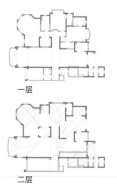

一层

二层

原始平面图

一层

二层

改造后平面图

好好住 ID

云行设计

作品说明

　　本案例为拥抱江景的跃层复式，拥有无界视野，一家三代人在这里开启了新的生活方式。巨大的玻璃落地窗，营造了一种宽广的空间感。设计者使用简约的立面与精致的材质，如烤漆墙、灰色大理石地面和层叠顶面，纵横交错的垂直、水平立面建构出一种简洁与纯粹。整体空间是现代化的线性设计，布局流畅，各区域融合自然。设计理念年轻化、国际化，空间主要采用亚光材料，重点区域使用浓烈色彩进行搭配。

　　一层依循原建筑的分区特点，公共空间依次分布在南北轴线上，客厅区域的挑高、邻窗休闲区的下沉成为空间中最适宜的比例。二层环绕着客厅挑空的是书房、公共活动室、娱乐室，设计者在开放的空间植入了乐器室，同样奉行自由平面与流动空间的建构准则。

评委会点评

　　极具现代风格的复式空间设计，空间分区合理有序，灯光配色现代大气。尤其是客厅部分，高挑的空间结构配以层叠吊顶，加上时尚的下沉式临窗观景休闲区，将壮阔、伟岸的江景纳入室内空间，尽显大宅气派。

①②

作为整个空间的枢纽，客厅通过挑高的设计连接了不同功能空间。通过下沉式的设计，客厅被分为两部分，设计者用自然的手法将江景接入室内，不仅采光得到了提升，江景也得到了最大程度的利用。灰色的沙发背景墙使用黑色与橘色打断，中间做成开放式的储物柜，既能收纳、展示物品，又能打破单调。灰色墙面一边平整，另一边做成凹凸起伏的造型，利用对比的效果来丰富细节，增强了视觉效果。

③餐厅设置为两部分，一部分是圆桌区域，适合多人或有客人的场景；另一部分在西厨，将长方形餐桌与岛台连接在一起，更适合小家庭使用。

④主卧是比较特殊的八边形造型，设计者保留了窗户，利用几种不同的材

质、颜色将空间分成 3 部分，既统一又具有节奏感。床头背景墙使用光滑的大理石做成弧形，顶端藏有灯带。墙面一边是平整的，另一边的木质墙做了凹凸处理，3 种不同质感的材质背景墙变得富有层次感，对比也更明显。

⑤主卫延续了主卧沉稳的色调，整体简洁、通透，镜柜让稍显狭窄的空间得到了延伸。设计者选择在墙面内做壁龛，整体上看没有任何阻挡视线的装饰，显得干净利落。

⑥二层走廊的一旁是完全向客厅开放的乐器室。整个二层用不同材质划分出各个体块，通过隐藏门等手法使空间在视觉上更加具有整体感。无主灯的照明让二层空间变得柔和，减少了过于空旷的单调感。

颠覆传统户型
这个工业风太惊艳了

设计者
个人设计师

主案设计
钟思群

面积	户型	造价
360 平方米	3 室	140 万元

位置	居住状态
上海 青浦	有娃家庭

作品说明

　　此空间为地下二层、地上二层的联排别墅，设计者结合屋主的需求对室内布局做了全面调整。

　　首先，原有的现浇水泥楼梯位置过于闭塞，设计者将它整体向左移，打造成镂空钢结构的楼梯。将地下一层的左半边楼板拆除，在地下二层形成了挑高空间，使得原本低矮的地下空间瞬间变得宽敞。露台区域的地面使用了镂空钢板，打造了一个虚实结合的光影空间。设计者将一层卫生间改到原楼梯位置，从而打通了整个一层空间，让空间在最大程度上变得开阔。设计者还在二层原楼梯位置增加了一个卫生间，这样二层的主卧就成了一个含卧室、卫生间、衣帽间的套房。

　　风格上，本案例以工业风为主，设计楼梯的灵感来自 20 世纪 70 年代末工厂内的金属镂空搁板元素。黑色镂空钢结构楼梯配以金属网格楼梯扶手，充分体现了工业风。光从天井洒下来，贯穿地下一层和二层的岩石墙面，将一种原始的粗犷揉进骨子里。大面积的水泥漆墙面营造出一种岁月斑驳的质感。设计者在整体家具的选择上又是另外一种思路，意式家具的细腻柔软中和了整个空间的硬朗。尤其是地下二层，明黄色的沙发和同色系的柜门遥相呼应，使整个空间变得温暖了许多。

①一二层空间被打通后，楼梯选用了 Y 字形，铁艺镂空材质增添了通透感。设计者将天井光线引入地下，增强了地下二层整体空间的采光。

②楼梯踏板间的镂空可以使更多自然光线透过天井来到地下二层，同时，楼梯踏板适合选择更为通透的镂空款。考虑到屋主家养大型犬，设计者最终还是选用了实心踏板，安全性更高。

评委会点评

　　这个作品地下两层楼处理平面的方式非常大气，地下一层的楼板打开，把光线引入地下二层，而地下一层到地下二层楼梯的转换让这个挑空区显得特别有精神，尤其是黑色金属镂空的楼梯配上姜黄色的沙发和壁炉，给这个空间激发出很大的想象力。

地下二层

地下二层

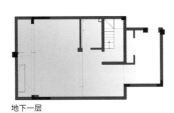

地下一层

地下一层

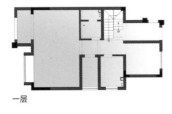

一层

一层

二层

原始平面图

二层

改造后平面图

③室内多余墙体被拆除后，整体空间变得开阔了许多。原层高限制导致空间逼仄，在部分挑空的设计下被化解，挑空区域被设为影音室，旁边的悬挂式壁炉穿过地下一层直达最底部，增强了空间的延伸感。

④浅色系的水泥漆墙面与水泥砖地面，再搭配钢结构的镂空板，楼上延续了完整的工业风氛围。一层同样选择打通全部墙体，即使有很多暗黑元素，也能变得采光良好、明亮通透。全屋采用极简吊顶，无任何复杂

装饰；空调出风口选用细窄无边框样式，让顶部在视觉上显得更加干净、简练。

⑤电视背景墙选用了定制的黑色木隔栅装点空间，营造了一种独特的神秘感。客餐厅之间无明显界限，仅用木隔栅与水泥墙面划分功能区域，不遮挡视野，同时起到了分隔效果。定制的6人位铁艺餐桌，契合了空间的工业风气质。

将老建筑
打造成一座小型"博物馆"

设计者
Likelihood
理想国

主案设计
卢骁

一层

二层

原始平面图

一层

二层

改造后平面图

好好住 ID
Likelihood 理想国设计

面积	户型	造价
300 平方米	5 室	200 万元

位置	居住状态	
四川 成都	有娃家庭	

作品说明

　　本案例是 20 世纪 90 年代成都最早建起来的别墅之一，由于年代距今比较久，而且房屋属于砖墙结构，所以增加了改造的难度。

　　屋主是一对年轻夫妻，相识于英国，后来带着两个孩子回到自己的故土成都。他们希望打破对别墅陈旧的刻板印象，希望新居是优雅、简约的，也希望家中保留一些英式韵味。

　　最终，设计者选择了在 20 世纪 70 年代最为活跃的白色派作为灵感基础，因为白色有无穷的包容感，同时也是严苛的。设计者要在纯净的空间里打磨好每一处细节，在风格理念和居住习惯中找到一个完美的平衡点。

　　别墅一层的客厅面积比较大，同时门窗过多，很难摆放家具，容易出现空间利用不充分的问题。所以，设计者打造了一个中心点——以新砌的电视背景墙为中心，把客厅空间一分为二，这样便形成了新的行走动线。客厅的承重柱不需要刻意进行装饰，使用简约白色既不会显得突兀，又可以起到分割玄关和主客厅空间的作用。副客厅的设计灵感来自 16 世纪时英国上层社会在家中兴建茶室、举办文化沙龙的历史，这里也因此成为女屋主阅读、会友的独立空间。

评委会点评

　　打破大家对别墅的刻板印象，还原英国现代住宅的生活品位，设计者的确做到了。我们常说，大空间不能做小，但大空间更难做得细致，做出生活感。我们非常倡导这般不刻意、不浮夸的装饰感，也提倡这种让人忽略年代、地域的包容与经典。

① 客厅被新砌的墙一分为二，分为主客厅与副客厅，两个空间形成洄游动线。主客厅作为正客厅，没有抛弃中国传统家庭客厅的功能，专注于用精致的家具、暗藏的设计理念把空间串联得更加和谐，在这里聚会待客显得既温馨又别致。

② 考虑到屋主有两个孩子，为了实用和在视觉上减轻厨房的繁杂感，设计者决定选用现代风格的橱柜造型。厨房采用了中岛台的设计，兼作操作台与早餐台。

③ 副客厅一侧安装了整面置物架，纤细的线条与素净的底色不会抢走展品的风采。轻巧的双人沙发立于窗前，无论是会友密谈还是独自阅读，都拥有明亮、柔和的光线。

④ 原建筑楼梯入口正对大门，稍显突兀，再加上屋主夫妇希望可以改变大家对别墅的刻板印象，打造一个更具生活气息的空间，所以设计者将传统楼梯改为弧形旋转楼梯，从而改变了入口方向。楼梯的曲线带来柔和与律动，形成了一个恰到好处的空间。

⑤⑥ 卫生间用白色勾缝剂美化了砖缝，突出瓷砖纹理的层次感，黑白拼接的地面搭配，让空间整体变得优雅起来。

用极简的黑白来诠释 "另一个自己"

面积	户型	造价
380 平方米	5 室以上	200 万元

位置	居住状态
湖南 株洲	独居

设计者
北象空间设计

主案设计
黄莉

一层

二层

原始平面图

一层

二层

改造后平面图

作品说明

　　设计者采用不同形态的材质构建出"墙体"，使空间脱离了原有的束缚，产生了一种延伸感，并且使光线能穿透整个空间。房屋的原始户型是长方形，只有两侧采光比较好，宽度相对来说比较局促。

　　设计者拆除部分空间进行重塑，在吧台、客厅、茶室等空间采用不同形式，做到了"隔而不断"，模糊了彼此的界限，在视觉效果上扩大了空间，也增添了互动性，可以适应不同的使用场景。整个空间去除了踢脚线、窗套、门套、垭口，设计者将线性收口融入墙面，去掉了生硬的拼接感。在主材选择上，涂料与木制品都采用了亚光质感的黑色，与黑色金属形成冷暖差异；灰色水泥砖削弱了黑色的沉闷感，使空间的层次感更加分明，并营造了一种静谧的氛围；内嵌的风口和无主灯设计使极简的大平顶保持了纯粹感。

评委会点评

　　这个案例可以说是关于家的多样性的一种展示。我们现在提到家居装修时一般认为年轻人的家里应该是温馨、舒适的，这个案例给出了另一种解释。整个空间颜色做得比较纯粹，将极简主义提升到一定的高度。

①客厅在材质处理上
做了延伸设计，深
灰色的木隔栅让空
间形成一个整体，
而不是被刻意分割
开。木隔栅底部的
地台在下方延伸至
窗前，一道留白让
背景墙更显轻盈。

②餐厅既是用餐区，
也是屋主与朋友交
流藏品的品鉴区
域，设计者定制了
3米长的岩板长桌
来增加仪式感。岩
板充满岁月感的斑
驳桌面与旁边生机
勃勃的绿植，形成
有趣的对比。

③白色的茶室部分依
然延续了对比设计
的理念，精致与粗
犷、黑与白呈现出
故事性，通过这种
情感上的串联，使
每个空间既独立又
相融。

④二楼是屋主更为私
密的空间，以黑白
两色作为主色调，
呈现出干净的空间
质感。起居室内嵌
电子壁炉，与不同
层次的照明相互辉
映，为纯净的底色
增添一层暖意。

⑤卧室部分主要以灯
光来增加趣味，不
同体块、材质的灰
色则像调和剂，弱
化了黑与白的强烈
对比，使整个空间
变得相融、协调。

优雅、克制的美学空间

面积	户型	造价
350 平方米	5 室以上	45 万元

位置	居住状态
广东 广州	两口之家

设计者
广州从舍家居
装饰有限公司

主案设计
邓媚

原始平面图
（共三层）

改造后平面图
（共三层）

好好住 ID
从舍软装

作品说明

  本案例是套内建筑面积为 350 平方米的三层别墅，屋主是一对喜欢旅行和摄影的年轻夫妇。在聘请设计者之前，屋主已经在别墅中做好了简单的硬装，并购买了少量家具。如何在现有的条件下重新打造软装，既保留屋主喜爱的极简风格，又能通过搭配来体现家的独特气质和氛围，这是设计者思考的重点。

  一层是公共活动区域，有玄关、客餐厅、中西厨房和健身房，整个大空间在软装设计上保持了统一的色调，互相呼应，使几个功能区之间"隔而不断"，视野也变得更加开阔。二层是家庭成员的起居空间，有一间书房、两个卧室套间和一间私人影音室。设计者在二层的每个空间设置了不同的主色调，用更多色彩来营造居家、轻松的氛围。设计者在三层以穿透手法将主卧、衣帽间、卫生间和休闲区域贯穿在一起，组合成一个大套间，使用深蓝色的主色调突出了宁静的氛围，这里是屋主最私密的小天地，放松、随意。

评委会点评

  大色块的穿插运用使室外与室内的心理边界实现了自然过渡，通透的视线引导将起居空间与外部景观融合，高效提升了视野开阔度。

①玄关处安放了一幅几何构成的艺术装置画,保证入户私密性的同时又将视觉聚焦,大尺寸的画作格外烘托出居室的氛围感。

②餐厅延续了客厅的高级灰加黑色与木色的搭配,用柔软的纱帘来渲染唯美的意境。餐桌一边使用餐椅,另一边则选择了条凳,不对称的布局更显活泼。

③二层起居室是屋主一家更为私密的家庭活动区域。黑白搭配的三联幅挂

画在纵向空间上充满张力,温润的胡桃木色中和了黑、白、灰色调,让起居室有了温度。

④三层的大套间以深蓝色的主调突出了宁静、安定的氛围,床脚的小夜灯在细节处彰显人性化,这里是屋主最私密的小天地。

⑤浴缸做成下沉式,明亮的光线搭配百叶窗、绿植,让屋主的沐浴体验如身在度假胜地般惬意、悠闲。

"留白"的亲子空间

面积	户型	造价
265 平方米	3 室	120 万元

位置	居住状态	
台湾 高雄	有娃家庭	

设计者
好室设计

主案设计
陈鸿文

一层

二层

原始平面图

一层

二层

改造后平面图

好好住 ID
好室设计 HAO

作品说明

不同于一般的亲子空间规划将每一处填满以满足各成员的需求，设计者选择以孩子的视角为主，大人的需求为辅，将大面积的复式空间当作一块空白画布，屋里的一切生活点滴则如同随手调和的缤纷颜料，交由小主人随兴累积，慢慢填满。看似大篇幅的留白，实为无穷的起点，时刻呈现出最真实的家。

评委会点评

贯穿两层的书柜结合挑高设计，让传统复式户型增添层与层之间的关系，温和的材质与线条契合屋主的审美喜好。这套房子像一块有温度的亚麻油画布，时间的痕迹、成长的印记都将成为画作上的一笔。

图注

①为了让长时间待在家中的孩子活动不受限，屋主决定舍弃旧有房屋结构，以开阔的格局来重新规划，让室内的每一处角落承担不同使命，成为孩子可以独立支配的自主生活圈。

②入门可见由休闲户外窑变砖铺设的玄关地面，将动线延伸至阳台，为喜爱在外玩耍的孩子便于清洗手脚而规划。一旁整面墙的洞洞板可弹性调整功能，不同使用高度也让孩子有自由发挥的空间，充满踏实生活感的角落与绿植合衬出一派自然、蓬勃的生气。

③主卧采用整侧斜状绷布软包，也与门板的脉络元素相呼应，室内原有大梁则用拱形收边修饰。室内整体色调设为未完成的停留状态，遵循"少即是多"的原则，去掉过多的外饰，让视觉和触觉回归简约，保持孩子想象力纯粹的原点。

④⑤二层设为动态游戏区，楼梯扶手结合木作与水泥空心砖、门板的叶子脉络，从细节处贴近自然。

⑥厨房设计了拱形室内窗，便于对孩子进行观察、陪伴，也增加了彼此的交流。

73 平方米也可拥有
200 平方米的空间体验

面积	户型	造价
73 平方米	2 室	32 万元

位置	居住状态
四川 成都	有娃家庭

设计者
成都璞珥空间
设计工作室

主案设计
李瀛

原始平面图

一层

二层

改造后平面图

好好住 ID
璞珥空间设计

作品说明

本案例是原面积仅 57 平方米、层高仅 4.7 米的 loft（高挑、开敞的空间，是上下双层复式结构）户型，各功能区的空间都不大，难以满足一家三口的居住需求。

男屋主希望有一个可自由活动的公共区域，做到空间开阔；女屋主想拥有一个开放式厨房和中岛，做饭时可以照看孩子，还想要一个独立衣帽间和梳妆台。为孩子考虑，屋主还希望能设置亲子阅读区和滑梯。为了满足这些需求，设计者重新梳理了空间，优化了布局。

评委会点评

滑梯是点睛之笔，用一种不脱离实用性又增加乐趣性的方式，化解了小尺度楼梯的逼仄感，也符合儿童对空间体验的舒适尺度。

图注

①设计者搭建架空层，使建筑的使用面积扩展到 73 平方米，从而有了实现各个功能空间的条件。玄关和客厅的挑高被保留，避免公共空间产生压抑感。

②一层的厨房、餐厅、客厅为一体式设计，视野开阔。这一区域采用白色自流平地面，看上去干净清爽，同时易于清扫。

③④
设计者将滑梯和上下楼梯结合在一起，规划出动静结合的双重动线。

⑤二层作为休息区，设有两间卧室、卫生间、衣帽间，营造出宁静、私密的氛围，并且规划出儿童阅读区，作为卧室之间的过渡区。主卧与挑高区以玻璃为隔墙，打造出空间通透的视觉感。

⑥卫生间的洗手区被外移，进行了干湿分离处理，洁净、清爽。洗手台下方的下水管提前预埋到墙里，视觉上更简洁，也更好打理。长虹玻璃移门弥补了暗卫采光的缺陷。

本初

面积	户型	造价
306 平方米	5 室以上	120 万元

位置	居住状态	
湖北 武汉	三代同堂	

设计者
武汉诗享家空间
设计事务所

主案设计
廖晨黎

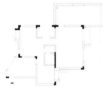

原始平面图

改造后平面图

作品说明

这是一个三代同堂的大家庭，在此长住和经常来访的家庭成员有七八位，所以室内整体设计既要兼顾不同年龄层的审美，又要满足他们的使用需求。本案例配色以简约的黑、白、灰为主，使用原木色进行点缀，使家变得生动而有层次感。在功能上，设计者通过合理的布局，保证每个家庭成员在温暖的集体中亦有属于自己的一方精神小天地。整个设计从空间的合理分配、空间的私密性与互动性、收纳的隐形设计、休闲空间的延展、适老与育儿需求等方面出发，打造了三代同堂的理想居所。

评委会点评

楼梯的形式、餐厅玻璃区隔的形式等诸多设计满足了年轻人的审美，在整体布局规划和材质运用上也表现得更加沉稳。房屋在满足多种审美需求的前提下使整体协调性亦不受破坏，这是经过巧思的结合。

①客厅以纯净的白色和木色为基础，用黑色加以点缀，3种颜色互相交合。设计者将材料、色彩、灯光等元素进行简化，用简洁的视觉效果营造出舒适的家居氛围。

②沙发不靠墙是客厅的一大亮点，打造出灵活的洄游动线；用沙发充当隔断来划分空间，保持空间的通透性。在餐厅吃饭时，家庭成员也可以观看客厅100寸大屏幕的电视，在家轻松享受到如影院一般的观感。

③餐厅设计现代、简约，白色大理石餐桌造型优雅，增添了生活的品质感；

咖色的皮椅将美学与舒适感融入其中，营造出美妙的就餐氛围。

④餐厅和书房相连。设计者用多扇旋转玻璃门作为隔断，模糊了空间边界，创造出兼具实用与美感的生活场景。

⑤宽阔的岛台不仅能充当就餐台，还能增加家庭成员间的有效互动，使其拥有更强的社交属性。楼梯没有完全封闭，在其下方布置了园林小品，使人身处室内也能尽享自然的气息。

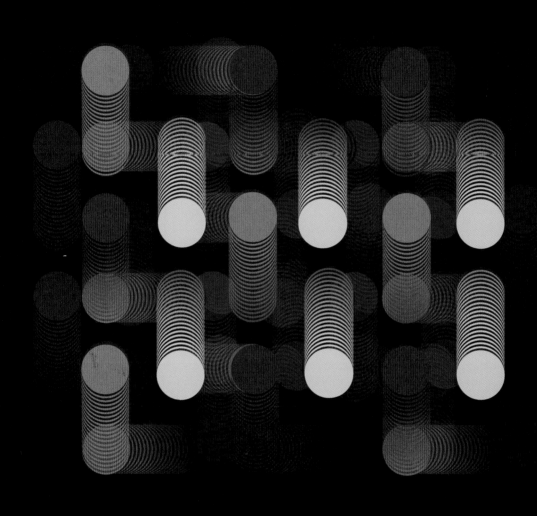

营造家奖
Niceliving
Awards
2020

第五章
年度最佳平面规划

篇首解读

青山周平

　　中国的住宅有一个很明显的特点，即小区规模通常比较大，但户型比较单一。但是，中国家庭的生活方式正在发生变化，他们对家的功能需求也越来越多样，比如对厨房、卫生间、衣帽间等空间的需求已经变得和过去非常不同。还有一点，家越来越需要根据办公或上课的需求进行打造。所以，为了满足中国家庭多元的生活需求，我认为平面功能的调整和优化也变得越来越重要。

忘掉"房间"
用"行为"来整合空间

面积	户型	造价
240 平方米	4 室	95 万元

位置	居住状态
湖南 郴州	三代同堂

设计者
上海顽鄙设计

主案设计
吴波、易礼

一层

二层
原始平面图

一层

二层
改造后平面图

好好住 ID
吴波_顽鄙设计

作品说明

为了给三代共居的家庭打造一个轻松有趣、多样且包容的生活场所，整体设计打破了以"房间"为导向的分隔体系，而是以"行为"为导向重新整合空间。

整体平面规划思路是，一层以大家庭的公共活动为主，考虑到未来出行，老人的卧室也设置在一层，二层则作为小家庭一家四口的活动场所。

评委会点评

这是一个打破开发商传统布局的大胆作品，设计者把原来一个个封闭的小空间通过各种巧妙的设计，改造成好似没有尽头的开放、流动的生活场所。改造完的整体空间像小城市的街道一样，有地方休息、喝茶、吃饭、运动、学习等，可以满足各种生活场景的需要。这个平面规划很像家里有几棵树，家庭成员可以围着树生活，完全可以想象出这个空间里丰富、开放的生活场景。（青山周平）

一层利用视线通廊连
接空间，利用多功能
地台丰富层次。

①②
　　利用视线通廊贯穿南北向和东西向，强调空间之间的互动。考虑到老人对空间的需求，一层平面在保持空间开放、彼此连接的同时，仍强调格局的规整性和秩序感。

③④⑤⑥
　　二层以"行为"串联环形空间。二层空间设计更为自由、灵活。结合一层的挑高空间，在二层设置环形动线，并依据动线串联起一系列行为。空间因不同行为的叠加而相互穿插、渗透，最终成为被设计师称为"泛家庭活动空间"的模糊空间。以空间分隔空间，彼此之间没有明确界线，"泛家庭活动空间"延伸至儿童房内。两个孩子的房间目前是连通的，随着年龄的增长、隐私需求的提高，亦可通过设置家具打造相互独立的空间。

⑦⑧⑨
为了增进家庭成员之间的互动与交流，上下楼层之间设置了 3 种连接方式，分别是功能性的楼梯、娱乐性的爬梯，以及围绕挑高空间的"泛家庭活动空间"。三代人对房屋的核心需求是空间，不只是物理空间，更是心理空间、成长空间——不同的行为都有其容身之所，家庭成员间既可以亲密相处，也需要保持距离。

打破传统格局的家

面积	户型	造价
80 平方米	1 室	60 万元

位置	居住状态	
台湾 新北	独居	

设计者
虫点子设计

主案设计
郑明辉

作品说明

设计者使用"折板"改变了原始格局。折板从客厅电视柜开始延伸，折到餐厅地板，折到书房变成书桌，再折到主卧变成床架，最后延伸到梳妆台。在这里不用定义如何使用空间，餐厅里不一定要放餐桌，席地而坐也很自在，随心情改变空间使用的定义，简单的线条也让生活多了一点不同的想象。

因为原厨房与餐厅的位置、动线不合理，所以设计者将厨房往前移，并将原来的两个房间改造成书房兼弹性空间，书房后方是主卧，用两道移门界定空间。设计者还将地板抬高，使屋内形成随处可坐可躺的高低差，屋主在家轻松自在。

评委会点评

表象之下是解构、重构的过程，解构生活场景中的功能与行为，找出它们与空间的共通点，再基于共通点予以大胆重构。这句话看似简单，可仔细一想，去掉家具，这个家的使用场景依然完整，这是底层逻辑简洁、清晰的设计思考。

原始平面图　　　　　　　　改造后平面图

①将平面空间重新梳理、整合后，设计者把整个空间一分为二，形成两个大的不同分区。

②抬高的折板贯穿整个空间，根据分区的不同，折板顺势而为，以不同的高度形成不同的区域。

③虽然折板将空间分为两个大区域，但整个空间并未做封闭的隔断，而是"自由流淌"的，以折板来进行自然的区分。

④重新规划后的平面更加符合屋主日常的生活方式，大面积运用白色系避免了视觉上产生混乱，显得十分干净、纯粹。

在 56 平方米里打造 3 房

面积	户型	造价
56 平方米	3 室	66 万元

位置	居住状态	
台湾 台北	有娃家庭	

设计者
虫点子设计

主案设计
郑明辉

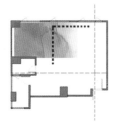

原始平面图

改造后平面图

作品说明

这是一个只有 56 平方米的小宅，居住成员为一家四口。屋主希望两个孩子有各自独立的房间，所以设计者最大的难题是如何在有限的空间中隔出 3 个房间。设计者利用"回"字形动线打破墙体的分隔，在两个房间中加入拉门，平时这里是一个大房间，当拉门关上就变成了两个房间。设计者利用一些圆形室内窗改善房间采光，这也是一个有趣的互动装置（有的圆形室内窗可以盖上盖子）。客厅与餐厅的地面利用不同材质进行区分。收纳空间尽量集中在窗户的两侧，让室内获得更多光线。

评委会点评

设计者在硬性需求下让空间富有变化且轻巧。小空间里的洄游动线一次性解决了动线易用性和视线穿透性难题，且富有乐趣。

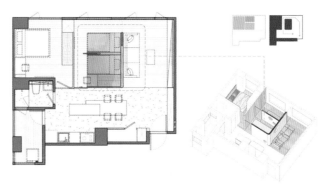

俯视图

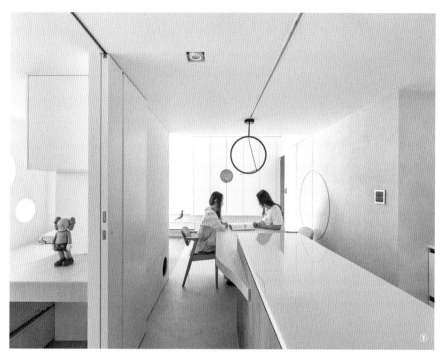

① 厨房面积虽然不大，但设计者仍然规划出了中岛。中岛一侧为儿童房的入口，拉开移门后可变成洄游动线。

② 用"回"字形动线打破墙体的区隔，两个儿童房中间加一道拉门，可以在一间、两间之间自由转换，让客厅、餐厅维持一定的空间品质。

③ 整体空间选择用灰白色系，因为全屋面积不大，这样的色调会让人感觉很舒服，室内看起来也会很明亮。墙面及柜子转角用圆弧收边，沙发后的圆洞为儿童房的窗户（可透光，又可与客厅有所互动），儿童房侧面下方的小圆洞则放猫砂盆。

④ 儿童房作为空间中心的盒体，利用拉门自由变化形成洄游动线，一侧的入口在厨房，另一侧的入口在客厅靠窗处。

将空间完全还给使用者的一人居

设计者
CREASIME·匠坊
室内空间设计

主案设计
张书源

面积	户型	造价
50 平方米	1 室	22 万元

位置	居住状态	
江苏 南京	独居	

作品说明

　　这是一套精装修的"三恒"（恒温、恒湿、恒氧）住宅，屋主打算将它打造为自己的专属空间。设计难点是房顶和墙壁中遍布毛细管网恒温、恒湿空调系统管道，无法对房屋进行大规模的结构性改造，而原户型的布局又难以实现屋主"希望根据自己的生活态度、兴趣爱好对房屋进行个性化设计"的愿望。最终，设计者与屋主一起开始了这次既有趣又极具冒险性的改造之旅。

　　为了充分了解屋主的生活习惯与爱好，在正式设计之前，设计者去屋主之前的住宅进行了一次探访。探访之后，设计者确定了改造的 3 个主要方向：

　　1. 打造一个完全满足屋主的生活作息与多样爱好的空间，为他的不同爱好提供充分的活动空间。

　　2. 屋主之前的住所要比这里宽敞很多，所以要尽可能增加这里的储物能力，以满足屋主的日常收纳需求，并且要使各个空间的功能更协调，符合相关使用区域的动线要求。

　　3. 将原空间中不必要的隔墙拆除，还原本来的面积，以屋主的视角重新定义空间面积与用途。

　　为保护毛细管网空调系统管道，设计者仔细选择合适的地面、墙面区域放置家具，在不破坏管道的基础上改变空间结构，解放空间面积。在空间风格方面，设计者与屋主达成共识后将空间定义为不过分进行装饰、以功能为本、还原使用者生活本身的调性。设计者还打破了传统定义中的客厅概念，强调屋主与到访者在空间内的活动体验，这也是此空间中最重要的区域——中心操作岛——的设计初衷。中心操作岛位于空间的中心区域，由餐厨综合操作区和阅

①仔细梳理屋主需求
之后，设计者拆除
了不必要的隔墙，
让空间尽可能敞
开，保持通透。一
人居，可以更自由
与恣意。

②中心操作岛复合多
种功能，起着交通
枢纽般的作用。以
其为中心，沿人行
操作动线分布着各
个空间其他功能
区域。

③屋主有强烈的展示
收藏品的需求，设
计者在规划平面时
将这些需求考虑进
去，在不同的区域
设计不同的展示
空间。

读、娱乐活动区构成，包括备餐就餐、会客洽谈、手工操作、展示收纳、娱乐休闲等功能。中心操作岛还在整个空间的动线交汇处，串联起各个功能区。

评委会点评

看不到一面功能性留白的墙，观感上却不显拥挤，反而张弛有度；看不到一面视觉性堆砌的墙，使用功能却十分丰富。反其道而行之地由中心向四周扩展的起居空间颠覆了人们对家的既往想象。满屋子都是乐趣！

原始平面图   改造后平面图

④⑤
拓展性的阳台是中心操作岛区域的延伸空间，配合其功能定性，这一区域实现了工具间、户外用品收纳、活动休闲等功能。设计者将原本分隔阳台与室内的玻璃隔断拆除，通过穿插式家具的运用与灯光引导让整个空间得以连通。

69 平方米学区房大改造
一家五口也能住得好

木卫 I 設計

设计者
木卫住宅设计
工作室

主案设计
吴鸿彬

面积	户型	造价
69 平方米	3 室	28 万元

位置	居住状态
福建 厦门	三代同堂

作品说明

设计者将客厅移至玄关左侧，将原主卧缩小空间后改造为儿童房，将原客厅的部分空间与另一个卧室合并，打造成主卧，将原客厅的剩余空间打造成衣帽间。由于房屋外部有一个阳台可供晾晒衣物，设计者便将阳台打造为地台休闲空间兼客房。设计者将室内后中部裸露的柱子拆除，与 3.2 米的长餐桌进行组合，弱化柱子的存在感，并且长餐桌也成为空间的核心区，满足了各种日常场景的使用需求。玄关右侧的厨房通过不规则墙体向原卫生间方向扩大，这改变了原卫生间的开门方向。设计者借助通道空间改造出两个卫生间，并且在公共卫生间实现了干湿分离，还打造了独立门厅。老人房借助主卧的交错打造了衣柜，留足了床铺两侧的活动空间。

评委会点评

设计者将原结构下的公共区域和卧室做了对调，这是很大胆的尝试。在保证每个空间功能完备、尺度适合、动线合理的前提下，设计者使 69 平方米的"老破小"户型实现了三室两卫的空间安排。

原始平面图

改造后平面图

①重新调整后的空间在玄关处设立了一堵玄关柜，背面是卫生间干区外移后形成的洗手台区域。

②户型中有不可拆除的承重柱，设计者巧妙地将长餐桌嵌入其中，形成家中的客餐厅核心区。另一侧的墙面在高处安装了定制的一组收纳柜，满足小户型的收纳需求。

③长餐桌的背后设计了有藏有露的收纳系统，书架就在长餐桌背后，方便屋主随时取用图书。长餐桌的上方安装了一排吊灯，既照顾到重点区域的照明，又有咖啡馆的浪漫氛围。

④小小的步入式衣帽间做了百叶门，开放式的搁板架下面安装了灯带，使用起来更加方便。

25 平方米里弄宅的新生

面积	户型	造价
25 平方米	1 室	10 万元

位置	居住状态
上海 徐汇	短租民宿

设计者
栖斯设计

主案设计
栖斯设计

作品说明

　　设计者将庭院与室内空间作为一个整体考虑，以此来获取更多的使用面积，提高开展活动的可能性，通过人与人之间的行为活动建立起空间整体的联系。设计者以一条"活动发生轴"为主线，丰富的活动场景由此轴展开。小庭院位于建筑南侧，四周的低矮建筑围合出一方闹市中的清幽之地，天气好的时候可作为露天客厅使用。由于历史保护建筑的窗洞不能进行改动，这一限制打消了设计者想直接打通外墙，将室内外空间通过物理方式直接建立连接的想法。设计者在窗内和窗外分别设置了一纵一横两个吧台，为内外建立了间接的连接。

评委会点评

　　虽然是民宿，但卧室的规划设计也值得年轻一代的小户型借鉴。欢脱地在客厅玩耍，安静地睡觉，被压缩的低矮卧室配以宽阔的视野，引发的洞穴效应往往会给住客带来更好的睡眠体验。

原始平面图　　　　　　　　改造后平面图

①②

改造前，原室内地面被整体垫高 45 厘米，卫生间除外。改造时，设计者保留厨房区的垫高，将起居区域地面降到原始标高，这样起居区域便形成一个具有围合感的半下沉空间。设计者利用高低差营造出丰富的空间层次。下沉空间的两侧被改造为沙发，楼梯扶手同时充当了书架和衣柜。木饰面以及木质家具为空间带来了一种亲和力，家具与建筑的界限也变得模糊，有利于屋主充分利用空间。

③民宿对于烹饪的需求不高，所以设计者弱化了厨房功能，这也为不同区域的功能叠加提供了机会。正对入户门的区域叠加了 3 种功能——充当玄关、吧台、厨房。橱柜中的酒杯，再加上有序的吊灯、吧台和高凳营造出一种如置身于咖啡厅般的温馨氛围，不仅提升了住客的入户体验，而且为他们提供了独立的就餐区域以及临时的办公区域。

④将楼梯位移后得到了一个对小户型来说相当奢侈的卫浴空间，独立浴缸也可以放得下，极大提升了居住的品质感。

⑤二层夹层为卧室区，由于层高限制，床垫是直接放在地板上的。床两侧放置的家具丰富了夹层的使用功能，也划分出与下方空间互不打扰的区域。卫浴区占满夹层的整个下方空间，台盆区、沐浴区在平时完全面向起居室敞开，仅用玻璃隔断进行空间分割，必要时可放下浴帘遮挡。被水泥漆包裹的暗色调卫浴区在精心营造的照明下给住客带来一种静谧、放松之感。

动线清晰
人猫分流的自在之家

面积	户型	造价
268 平方米	5 室	237 万元

位置	居住状态
北京 东城	有娃家庭

atelier suasua
刷刷建筑

设计者
刷刷建筑

主案设计
苏晓萌

原始平面图

改造后平面图

作品说明

　　设计者在平面改造中首先增加了储物空间，并将其尽量设计在公共区域。设计者还同时引入 3 条动线，一条动线是入户之后通向客厅和餐厅，一条动线通向后厨区域，串联起储藏室、厨房、保姆房和洗衣房，还有一条动线通向比较私密的空间，主要是卧室区域。通过光线与材料、颜色的变化暗示动线通向家中不同的功能区域。

　　其实，整体平面布局中也暗藏着一个回路，与房屋所属社区的空中回廊概念相呼应。与室外那种空中回廊强烈的建筑形式所不同的是，室内的回路更为隐蔽与内敛。

评委会点评

　　可以看出设计者在做这个方案的时候，是把自己代入屋主的生活中，去拜访屋主之前的家、同小区业主的家，充分研究屋主会如何使用这个房子，甚至会为猫考虑，这样设计出来的房子使每个家庭成员使用起来都是非常顺畅、舒服的，而不只是一个匠人的设计。

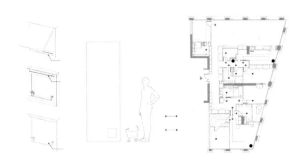

猫门和小猫动线示意图

好好住 ID

刷刷建筑

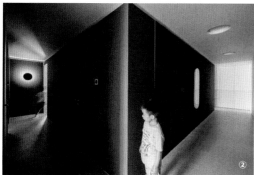

①户型中最宽的部分规划为全家的公共活动区，形成阔敞、舒适的大横厅，颇有大宅的气魄。数面大窗户将光线引入，即使另一面做全黑处理也不会让人产生暗淡无光的感受。

②空间主体是一个神秘的"黑匣子"，所有家庭成员都有自己的一扇门，打开之后就可以进入自己的独立空间。

③设计者用不同的颜色做区域分隔，不同的颜色代表着进入不同的空间，每个家庭成员可以通过颜色、材质的变化自然地感知空间的变化。

④客厅、餐厅与西厨规划为一个完整的大空间，拥有长长的餐桌，适合儿童尺度的轻便家具散落其中，全家都可以在这个空间中找到适合自己活动的区域。

在当下和未来都十分舒适的家

设计者
个人设计师

主案设计
谢秉恒

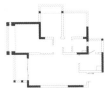

原始平面图

改造后平面图

面积	户型	造价
75 平方米	2 室	25 万元

位置	居住状态
四川 成都	两口之家

作品说明

这套原为三室一卫、公共区域单朝向的商品住宅的屋主为一对年轻的夫妻，二人在未来几年有养育下一代的计划，因此希望房屋设计更具弹性：既可以满足当下二人对舒适性的需求，又可以满足未来一家三口的互动需求。

原始户型还有一些需要解决的问题：各个空间面积较小且封闭，屋主希望空间可以更开阔、不拥挤；公共区域呈长条形，并且为单向采光与景深，在视觉上略显单调和狭小；屋主喜欢做一些西式餐食，希望在烹饪时也可以同其他空间产生互动，而原始户型并不具备这种条件；原卫生间空间过小且幽闭，采光条件极差。

设计者采用减法设计，减少室内封闭空间，把 3 室调整为 2 室，不仅增加了公共区域的面积，打开两个房间后使之与公共区域整合，使得原来单向采光、单景深的公共区域变为双向采光、双景深；设计者将原餐厨区域进行重组，增加了西厨岛台，让餐厨区位于房屋中央，可以与各个空间进行互动；北面房间采用可开合设计，在当前阶段可作为活动与工作区，将来可以改造为儿童房；设计者还利用原房间隔墙拆除后的面积改造卫生间，使卫生间扩大且有充足的采光。

当屋主未来有了孩子，可以通过调整家中家具的摆放，重新塑造空间格局，增加更多互动性。

评委会点评

同样是打开房间的设计，却能够融入更多的光和景观，这便是最好的装饰。结合屋主对当下及未来的使用需求设计出可变换的空间，这是有温度的设计。

①从客厅看向入户，视线通透的同时循着餐桌可窥见客厅的另一侧，一眼到底的直筒形未免无趣，通过房屋格局的变化，视线有一定的延伸，扩大了空间的视觉效果。

②③
一人使用餐厨区域时，另一人无论是在客厅的沙发上，还是在右侧的活动区，都可以方便地互动，适合二人共居的生活模式。

④餐厨区域旁边则为活动区域，设计者抬高了地面，加宽了原始飘窗的宽度，将其改成床与工作区。现阶段，这里可以作为屋主活动、休息、工作的区域；将来有了孩子，这里将成为孩子的房间。

⑤主卧入口位于餐厨区域与活动区域之间，由家政柜与主卧房门共同组成。右侧为卧室门，左侧则为家政柜，用于放置吸尘器等打扫工具。家政柜位于整个房屋的中心区域，无论打扫哪个区域，都可以以最短路径取拿清洁用品。

一个人的小家
纯净、安宁

面积	户型	造价
45 平方米	1 室	18 万元

位置	居住状态
四川 成都	独居

设计者
个人设计师

主案设计
谢秉恒

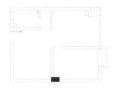

原始平面图

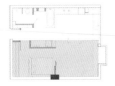

改造后平面图

作品说明

    原户型为 45 平方米的一居室，原客厅位于整个房屋的最内侧。屋主独居且无会客、宴请、留宿等一切接待需求，但因空间较小，屋主希望尽量减少封闭区域，使空间变得宽敞、方便。

    设计者需要解决的问题有：客厅位于内侧，且被卧室的隔墙阻挡，采光条件极差；卫生间与客厅情况相同，无采光，无通风，常年阴暗、潮湿，屋主想要在不那么封闭的环境中拥有一个浴缸；屋主的衣物较少，但仍希望有一个与卧室分开的衣帽间，用于整理、收纳衣物；屋主希望有一张大桌子，可以承担用餐、办公、做手工等功能；屋主虽然很少做中餐，但喜欢做日式料理与冷餐、煲汤，所以仍需厨房有大一点的操作台面；屋主喜欢小床与有围合感的睡眠空间，这会使其感到更有安全感。

    设计者采用开放式的处理手法，重组内部空间格局，调整了公私区域的分布，模糊了不同区域之间的界限，使小户型变得流畅且通透。整体设计思路是在房屋中轴上将内部空间呈单元式分布，分为休息区域与活动区域，将卧室、衣帽间、卫生间等较私密区域设置在房屋较为隐蔽的北侧，各自呈单元式分布；将厨房、餐厅、起居室等公共空间设置于房屋向阳的南侧，呈开放式布局。这样便做到了公私分区、合理分布。

评委会点评

    如果一个家的空间设计能够让看到这个方案的人对这个空间的主人产生好奇，这可能是设计成功的一个标志。设计本身非常娴熟，在视线通透性和空间可变性的把握上都无可挑剔。

好好住 ID
谢秉恒

①利用原始飘窗高度与厨柜宽度,将飘窗延伸,做成一排开放式储物区;中央空调采用侧送侧回的送风方式,淘汰在视觉上累赘的普通风口,改为长条形风口,使顶面更加富有线条感;起居室追求"去客厅化"设计,舍弃笨重的沙发,只留下一个单人躺椅。独居的舒适就在于放弃复杂而冗余的功能,只留下合适自己的配置。

②起居室墙面采用留白处理,顶面留出投影幕布槽,使屋主在办公时可以将工作内容投到幕布上,方便查看。沿墙根开槽埋入踢脚线,以内凹的收口方式代替外凸,避免空间出现多余的突出物。

③设计者将起居区域换位至原卧室位置,并去掉餐厨区域的隔墙,让它们形成 LDK 一体化格局,将复合功能桌放置在大空间的中间。

④浴缸做嵌入式设计,将浴缸裙边隐藏到盖板石材下,浴缸旁边利用原始管井位做了储物柜,内部隐藏了一个壁挂式洗衣机。储物柜左侧则为卫生间,因房屋只供屋主一人使用,卫生间大胆采用了高透明玻璃作为隔断门,尽可能保证卫生间内部的光线,避免压抑感。

⑤卫生间区域被完全打开,浴缸置于外部且靠近厨房台面,引入了采光,盥洗区与洗衣机规划到了整个房屋的中部区域,靠近入户门。原客厅区域被规划为衣帽间与卧室,进门即可进入。衣帽间采用 3 组日系开放式挂衣组件,并且用软质布帘做隔断,满足了独立的需求。卧室内使用 1.5米 × 2 米的床,并利用墙面与三折移门使之形成三面围合。

第六章
年度最佳软装设计

篇首解读

崔树

从理论逻辑上来说，软装设计的范畴包括一个房子倒过来之后能掉下来的部分，比如家具、画品、植物、布艺、艺术品、灯具等。如果从设计范畴上描述，软装设计就是一种用更多不基于硬装施工的手法来丰富空间效果的设计。

软装设计更多是基于设计者本身、屋主诉求和设计者对具体设计的理解，以及能使用的预算和物料，从多个角度组合成一条逻辑链，然后将其完成。到底什么是好的软装设计逻辑？其实这没有固定的要素，虽然软装设计包含一些美学成分，但美学并非软装设计的主要逻辑要素，只是参与了软装设计。

相比于 2019 年和 2018 年的软装设计作品，2020 年软装设计作品的总体水平并没有太长足的进步，也没有特别让人眼前一亮的作品。大多数作品偏向于图片化，并且软装搭配不是围绕着屋主的生活展开，而是围绕着流行与作品图片展开，因此我们希望未来能够看到更多从用户角度设计的优质软装作品出现。

本届获得 2020 年最佳软装设计金奖的作品"家是一辆承载灵魂与记忆的大篷车"非常用心。设计者在软装搭配过程中拥有设计美学顾问、产品顾问、搭配师、买手和好朋友等多重身份，通过长时间亲密的陪伴和服务，与用户共创了这个优秀作品。

正是设计者这种服务为先、身份为辅、工作方式灵活的形式，让我们看到了家装设计师未来多样的发展方向。同时这个作品并不是当下较为流行的简约风格，因此，没有永恒的最好风格，只有最精彩的设计！

家是一辆承载灵魂与
记忆的大篷车

面积	户型	造价
60 平方米	1 室	20 万元

位置	居住状态	
北京 朝阳	独居	

设计者

北京太空怪人
室内设计事务所

主案设计

洪诗晴

作品说明

　　屋主是一位爽朗的姑娘，她决定在一套租来的房子里进行如此彻底的软装改造，这份洒脱令设计者感到十分钦佩。本案例的软装设计和选品持续了半年之久，采购渠道包括当地的实体店、网上购物、二手交易平台，还有屋主出差经过的各种实体店，可以说是一个"从世界各地淘来的家"。设计者选用了很多不同时期的家具进行混搭，以法国 18 世纪 30 年代的洛可可风格家具为主，墙面壁纸选用的是现代元素相对多的。实用性更强的功能性单品，如衣帽架、抽屉柜等，设计者则选择了丹麦中古家具和宜家的产品。小件的装饰单品、灯具、挂画、摆件，设计者大多采用日本的浮世绘元素。设计者还特意为喜欢艺术家阿尔冯斯·穆夏的屋主留了一面"穆夏展示墙"，并且把她从日本漂洋过海、历经两个月淘回来的瓷板画作为卧室梳妆区的主画。

　　值得一提的是，这 60 平方米的空间，不仅集合了很多精致的商品、精心挑选的艺术品，还承载着屋主 30 年人生的点滴过往，如童年的第一个发卡、第一张唱片，屋主和爸爸在河边喝酒倾谈时留下来的瓶塞、旅行时难忘的记忆……这是一辆载满了屋主所有过往的大篷车，里面的每一件物品，不仅仅是为了装饰，它们都是屋主的"记忆藏品"。

好好住 ID
太空怪人室内设计事务所

为了避免在这个琳琅满目的家中出现过于规律的元素，设计者结合画面内容选择了各种形式的画框与卡纸，错落、分散地"填充"书桌上方的墙面区域。就像一幅画作，按规律来绘制容易但随性绘制却难，离散的摆放依靠审美直觉，调整到视觉上赏心悦目为止。

①设计者将各种零碎的收藏、陈设与大件家具进行了排布，形成两边高、中间低的造型。拱门壁纸的装饰元素可破除吊顶的几何体块感，让视觉注意力转移到装饰性细节，并且黑白的拱门纹样由于没有色彩属性，不会分散收藏及陈设的重心。设计者特地在电视侧墙面留足了透气空间，并放置两株枝干张扬的鲜切吊钟，借由两侧高位陈设的引导，让视线自然地聚焦在低位电视区。

②西向的小卧室迎合了夕阳的色彩，变得更加柔美。设计者选择了偏暗的暖橘色作为空间顶部的主色，利用色彩与材质的对比营造出温暖、丰富的视觉层次感。这种色彩层次恰好可以包容风格各异的收藏品，使得室内不会显得突兀、杂乱。

评委会点评

　　整个作品中，设计者挑选的每件产品都不拘泥于某个单一风格，并将屋主的物品以再创造的形式与新购买的产品融合在一起，达到了很好的软装效果。虽然这是一个租赁的房子，但也让我们看到，不管房子与用户的性质如何，无论是自持的房子还是租赁的房子，抑或是我们旅居的一个小民宿，我们都拥有对空间设计以及满足生活方式的诉求。（崔树）

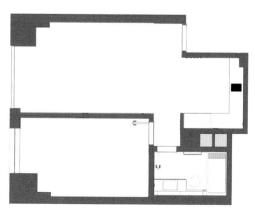

原始平面图

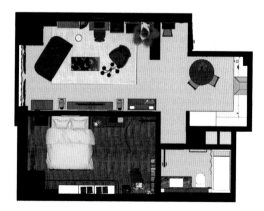

改造后平面图

在这个 20 平方米左右的小客厅里，通过调整软装家具，沙发后侧留出一条动线，这样一来，就有足够的空间容纳书桌、书柜、酒柜、吉他柜这些较为占地的家具。传统的白色天花在小面积、色彩丰富的空间里会显得过于轻飘，难以与视觉中下段丰富的色彩融合，因此设计者把天花设计成黑色，用这种下压的、收缩聚拢的暗调，让视觉中心不致在纵向上过度延伸。

③屋主淘回来的德律风根 OPUS 唱收一体机，产于 1955 年，历经了岁月的洗礼，经过修缮、清理后，收音及电子管放大元件重现了迷人声线；唱机部分无法使用，改造为宝碟唱机仓。桌子左右各放置一盏玛瑙石台灯，亮起时，透过玉石细碎的纹理，"破碎"的光线显得微弱又美妙。唱机上方挂着的是重新装裱的日本浮世绘画家杨洲周延的《胧春花之夜樱》和《源氏物语》图绘。

④全屋圆润曲面的家具太多，不免显得过于柔和，因此设计者在电视一侧增加了硬朗的元素，例如线条粗粗的电视柜，还有造型方正的路易十六样式调整书和旧茶画药饰面阿拉黄檀小镇驼花桃花心木边柜。柜子自带红丝绒背板，陈列着屋主游历世界各地收集的小物件。

⑤设计者将屋主淘来的英国狮脚竖琴小几作为床头柜。床头画是维多利亚时期的古董折扇，零星的扇面元素与对侧的扇面壁纸相呼应。床下有一张特大号的羊毛地毯，几乎覆盖了整间卧室。睡眠区是触感柔软、气息氤氲、光影妩媚的。

⑥梳妆区是屋主的另一个写照：一捧芍药，几枝龟背竹，植物是张扬、明媚又舒展的；异形弧边的镜子下端坐着皮耶罗夜灯，路易十五样式铜鎏金三弯腿和榉木镶嵌的梳妆桌，翻盖自带镜子，化妆品都在抽屉里。HAY（丹麦的一个设计品牌）的台灯作为辅助光源投影着冷绿色光影，绿色和紫色的光晕映照在暖调的空间环境中，形成层次分明但又不失和谐的光影氛围。

亮丽又和谐的暖色
拱形之家

设计者
Homelab 家研所

主案设计
徐岚

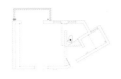

原始平面图

改造后平面图

面积	户型	造价
37 平方米	1 室	10 万元

位置	居住状态
上海 黄浦	独居

作品说明

整个空间的软装设计是围绕硬装设计的核心元素拱形和圆球展开的。为了呼应拱形门洞，设计者特意定制了拱形的床背板，所用的吊灯也是弧线加圆球的形式。除了家具、灯具，室内的装饰品也考虑到了这两种元素，比如卫生间干区的小地毯图案与地砖的拱形呼应，餐桌上的花瓶也是半球形。

因为这里空间较小，并且既是卧室又是客餐厅，功能需求比较多，所以选择的家具都比较小巧且配色统一。因为硬装设计的背景是白色，家具便选用了比较独特的橘红色为主调，再搭配黑色来平衡橘红色的艳丽，无论是造型上还是颜色上，都让人觉得眼前一亮，整个空间既温馨又和谐。

评委会点评

通过大量借鉴加泰罗尼亚建筑的石质拱门元素，设计者创造出具有鲜明个人喜好特征的室内氛围。干净的用色、清爽的材质，对于自律且有情怀的屋主来说，不失为一种新鲜的居住体验。

①重新调整户型之后，小户型也拥有了开阔、明亮的客餐厅。中间的拱形隔断具有浓浓的装饰意味，整个空间的软装充分考虑到了拱形元素。

②拱形元素在空间中不断出现，在墙面的分色上、在餐椅靠背的弧度上、在吊顶的曲线上，不断强化，将主题贯彻到底。

③墙面和地面为纯净的白色，用不同的红色、橙色色块进行小面积的点缀，起到画龙点睛的作用。

④佐以水果和装饰品从视觉上呼应了全屋的温暖色调，绿色的尤加利叶有一种近乎半透明的质感，给就餐增添了一份仙气飘飘的浪漫。

为影音爱好者打造的
暗调复古之家

设计者
Sweetrice studio

主案设计
Sweetrice

面积	户型	造价
141 平方米	3 室	50 万元

位置	居住状态	
江苏 南京	两口之家	

原始平面图

改造后平面图

作品说明

这是一个精装修房改造项目，屋主夫妇是影音爱好者，喜欢暗调、暖色、复古的风格。男屋主是钢琴调音师，偏好文艺，因此设计者在风格定位上秉承自己擅长的折中主义轻复古风，结合屋主的喜好，决定打造一个整体上稳重、有质感的家居空间，并在局部营造戏剧化的梦幻氛围。设计者通过精准的设计搭配，使材料、色彩、图案之间产生了奇妙的化学反应，从而为屋主带来如同置身电影场景般的空间体验。

为了打造 160 寸超大屏幕的视觉体验，创造合理的投影和观影距离，设计者拆除了原客厅与书房之间的墙体，重新规划了布局，还改造了吊顶，增设了幕布槽。设计者在客厅设计了立柱式展示架，是四面开放的结构，储物搁板错落分布。展示架在空间上和书架之间形成一个隐形门洞，既丰富了空间的层次，又限定出一个相对私密的过渡空间。玄关、客厅的文娱区都用了相同的壁纸，餐厅的木板装饰画为手工制作，呼应了玄关壁纸的图案。

评委会点评

由于当下的中国住宅格局限制，设计者其实很难硬搬欧美室内设计风格。折中主义与现代装饰主义的融合是这套作品的一大亮点，信手拈来的混搭却能控制好分寸，这样的审美境界值得学习。

①房子位于高层，是南北通透的户型，打通客厅、书房后，室内视野变得开阔，采光极好，所以在公共空间的色彩设计上，设计者大胆采用了暗色调来打造空间质感，再通过软装搭配营造低调、轻奢的复古氛围。

②沙发选用工业复古风的款式，一个橙棕色三人位和一个布艺的单人位组合，虽属不同品牌，但都采用了实木板框架的造型，变化中又有统一。另外，沙发搭配浅灰色羊毛地毯和黑色茶几，整体显得明快利落。

③

④

③深灰肌理墙面搭配黑色半亚光鱼骨拼地板，呈现了一种低调且高级的质感。墙面、地板、柜子统一使用深色，局部用金色点缀，通过对比增强暗调空间的层次感和明亮度。

④在三人位沙发沿走廊一侧设计了一个立柱式展示架，是四面开放的，这个展示架和书架是前后对齐的。从玄关进入客厅时，展示架遮挡了部分视线，使得整个空间不会被一眼看穿，增加了空间的纵深感和趣味性。

⑤主卧回归质朴、文艺的复古基调，用大地色打造出一个令人舒适、放松的睡眠空间。小格子纹墙纸搭配复古质感的布艺床，显得沉稳、雅致、柔和、百搭的色彩在这个轻负荷的空间里得以流畅地表达。设计者根据屋主的生活习惯将衣柜做到床尾，不仅扩大了更大的储物空间，还使外室进门的视野变得相对开阔、舒朗。卫生间门前有一段弧形隔断来遮挡视线，隔断和墙角围合的空间正好放下一个高斗柜，实用又美观。

⑥勃艮第红与杏仁色的搭配，使卫生间具有妩媚、复古的风情。卫生间的墙以黑色腰线为界，下半面墙用亮面砖，上半面墙则选用浴室专用防水涂料，使空间在视觉上显得整洁、统一。地面的黑白撞色网格马赛克，给这份沉郁增添了更沉稳的基调

独居作家的
"新国风"住宅

面积	户型	造价
140 平方米	2 室	30 万元

位置	居住状态
江苏 苏州	独居

设计者
凡恩设计

主案设计
周蕾、胖旎

原始平面图

改造后平面图

作品说明

　　屋主深受中国传统文化的熏陶，向往古人的生活方式，希望把独居的新家改造成中式风格。以写作为生的她，不用"朝九晚五"，只求"宅出水平"。屋主在家里的活动主要是看书、写字、创作，还有逗猫、与朋友饮茶聊天。

　　设计者以现代的居住理念对这个家进行设计、改造，家中融合了新中式、北欧的家具，风格并不固定，但都做到了线条流畅、造型简洁。在去风格化的趋势之下，保留中式家具的文化语言和情感温度来顺应当下的现代生活，在设计者眼中也不失为一种传承。改造后的家，开门便是十分开阔的起居室，空间虽是开放式的，但也能很好地区分出餐厅、客厅、厨房、书房、休闲阳台等功能区。室内家具大多是雅致的中式风格，但设计者利用了现代建筑的流动概念，在这个去掉一切不必要隔墙的空间中，屋主可随处阅读，猫咪可自由活动，还坐拥窗外的湖景，居住环境着实令人羡慕。

评委会点评

　　这套很中式的住宅之所以能够打动我们这一代新的社会主流，是因为它体现着中国人对自然木材的喜爱，纤细、克制的家具形式辅以大量留白，呈现出我们骨子里带着的那种对宋元风骨的相思与向往。

①客厅、餐厅、休闲阳台三合一，形成入户即开阔、简洁的空间感受。整体基调选择了大地色，而木质、藤编和棉麻几种天然材质层层相叠，显得温暖和煦，让空间充满自然的气息。

②屋主想在卧室营造舒适感和归属感，打造一个可以放松身心、释放自我的地方。设计者选用了浅色白蜡木中式床，显得轻盈、温馨。床尾设计了纱幔，使睡眠空间变得有包围感。一侧床头柜以一张明式直圆材席面大禅椅代替，显得品位独特又整体和谐。

③公共区域由于空间开阔、阳光充足，所以家具的颜色统一为深胡桃木色，与喷白乳胶床墙面和橡木地板形成对比丰富的着色关系。考虑到猫咪的"破坏性"，设计者没有选择常规的皮质或者布艺沙发，而是选用了罗汉榻作为客厅沙发。客厅没有电视，采用壁挂投影，用同色木质搁板放

置在高处，弱化存在感。

④书房打破了传统的空间划分规则，整个公共区域不再有清晰的界限，也引入了更多自然采光，令整个家显得更加开阔、明亮。角落位置被充分利用，设置了一个柚木组合壁挂架，综合了收纳、展示、书架等功能。

⑤客厅与餐厅之间使用半通透的藤编屏风作为空间隔断，丰富了空间层次。餐厅选用中式传统形态的圆桌，款式简洁、实用，也使得动线更加舒适。经典藤编餐椅轻便、美观，材质与周围环境互相呼应。餐边柜左侧的卷帘门区域用于日常收纳，右侧玻璃门区域用于放置和展示易碎的器物。餐边柜上方的置物架有着丰富的内部结构，比传统的搁板多了丝趣味性。

当代法式线条叠加
复古家具，洋气又实用

面积	户型	造价
160 平方米	3 室	130 万元

位置	居住状态	
浙江 宁波	两口之家	

设计者
何止设计事务所

主案设计
胡磊

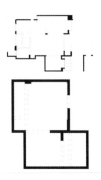

原始平面图

改造后平面图

好好住 ID
何止空间设计

作品说明

　　这是设计者的自宅，软装设计部分以法式线条、中古家具、非洲雕塑为主，其中穿插了大量镀铬、镜子元素；硬装设计部分则是以磐多魔地面、拼花地板、灰泥墙面为主要元素，组合在一起有一种异国风情。

　　壁炉是设计者自己画图让大理石厂家定制的，底座抬高了 1.5 厘米，以便和走廊进行区分。镜子上的雕花是木质的，也是设计者自己画图纸定制并喷漆的，和灰泥墙面颜色相同，花纹的存在使得空间的白不那么单调。灰泥的颜色是暖白，踢脚线、门都使用了同色系，壁炉边上的是古董但丁椅，纯铜烛台被喷成黑色，少了一些古典韵味，多了一分现代气息。

　　虽然空间中使用了黑、白为主的色调，但是不同材质搭配得当，特别是柔软织物的使用和收藏品的加入，反而在两种底色中拥有无限丰富的细节，显得格外耐品与耐看。

评委会点评

　　五彩斑斓的黑，丰富多样的白，这些玩笑话在这个案例中变成了现实。大量线条平行、环闭、蔓延、点缀，形成明暗阴影，赋予了这个空间以光影的色彩。

①设计者自绘图设计、定制的壁炉与镜子。

②③ 沙发旁放置的是丹麦多头落地灯，壁灯是设计师向厂家定制的，边几来自非洲，装饰画的黑色肌理画框也来自定制。

④床头背景以定制的硬包和画组成，抽象花纹的元素贯穿整个空间。床头柜由亚克力和木质结合，不同材质的碰撞格外有趣味性。

⑤餐厅这组大的中古柜，设计者早在装修之前就买好了。为了妥善放置它，设计者提前测量好尺寸，最终把柜子放进了墙的内凹处，整体更协调。

具有“裸妆感”的家

设计者
境屿空间研究室

主案设计
赵竞宇

原始平面图

改造后平面图

面积	户型	造价
110 平方米	3 室	45 万元

位置	居住状态
湖南 株洲	两口之家

作品说明

　　本案例的软装设计使用了比较淡雅的色彩、材质、元素，在空间中营造了一种“裸妆感”。屋主希望在整体的家居上弱化“样板间氛围”，所以设计者在比较完整的硬装基础上结合屋主的审美趣味，营造出精致感和高级感。单品的选择没有固定的风格，有北欧简约风格的开放架，有线条干净、利落的沙发，有包豪斯时期的经典单椅，还有屋主喜爱的酒、乐高、独立艺术家的雕塑作品，以及屋主亲手绘制的装饰画。这些经典的家具元素和具有现代性的艺术创作混搭在一起，让空间更符合家这个精神场所应该具备的情感寄托功能。

　　设计者用简单纯粹且富有自然肌理变化的艺术涂料形成空间的“皮肤”。取消了踢脚线之后的墙面与整体木色地面的连接更加简单、直接，给人宁静、舒适的感觉，随着时间的沉淀，越发耐人寻味。

　　走廊作为空间中通过频率最高的区域，往往比较难利用，设计者将其灵巧改造成了“潘多拉盒”。原起居室背面的一部分次卧空间被让出，作为公共区域和私密区域的过渡空间。“潘多拉盒”的4 个方向规划了不同的使用用途与收纳功能，把原本鸡肋的空间最大限度地利用起来。

　　厨房墙体被拆除后，采光得到了极大改善，操作台面与高柜组成 L 形，拿取食材时十分方便。圆柱所在位置原本是一根下水管，下水管被包裹之后为烟火气的厨房增添了一丝艺术气息。

　　设计者一直认为家里的餐厅不仅仅是用餐区域，更是连接家庭成员情感的“容器”。

①百叶窗所折射的深
浅肌理变化给空间
带来了更加诗意的
氛围。

②拆除3个房间的
非承重墙体后构造
"潘多拉盒"。

③⋯⋯⋯⋯，整
个厨房看上去干净
而温和。

架空的餐桌从中岛顺延，设计者亲手绘制的装饰画也与圆弧形的餐桌相呼应。

评委会点评

现在的家居设计喜欢让空间充斥艺术品，但这是一个误区，因为家居环境毕竟不是一个博物馆，如果艺术品之间有冲突，也不是一个适合长期居住的环境。这个案例中的艺术品摆放得非常和谐，所有的艺术品都是一个调性的，非常好。

④圆弧形的餐桌拥有犹如希腊神庙雕塑般的质感。

⑤设计者拆除了原主卫的墙体，在主卧划分了浴缸的区域。主卫淋浴区做了圆弧形的处理，让空间变得更有趣。

用艺术诠释诗意生活

设计者
目心设计研究室

主案设计
张雷、孙浩晨

原始平面图

改造后平面图

面积	户型	造价
330 平方米	4 室	300 万元

位置	居住状态
上海 黄浦	三代同堂

作品说明

整体空间以中性的黑白两色为主色调，营造出一种冷静、优雅的氛围。为了搭配黑白风格，设计者在房间里搭配了浅色的家具、大理石餐桌、橡木衣橱以及定制的窗帘。黑色金属线条是空间搭配中的重要元素，其代表的"点""线""面"与鱼肚白大理石包裹的墙体、洗手台所代表的"体"形成了很好的层次感。屋主夫妇热爱艺术，整个住宅的背景就像干净而纯洁的画布，为艺术品的发挥提供了充足的空间。在这个项目中，设计者就像画布的提供者，屋主则是使画布丰富起来的"灵魂绘画师"，最终双方一起创造了这件独特的艺术品。

评委会点评

色彩控制到位，在有限的黑、白、金色之中调用冷暖色系的材质进行穿插，显得简洁而富有层次。卧室空间适宜地切换为低饱和度的木调，氛围秩序处理得当。

图注

①②
玄关的金色落地灯如同雕塑，客厅以白色、米色和灰色为主色调，以黑色和金色进行局部点缀；客厅中的家具选择了拥有圆润线条的单品，呈现了活泼且富有动感的韵味。

③电视背景墙设计了整面收纳柜，电视隐藏其中，与收纳柜齐平，保持了空间的完整性。客厅无主灯的设计搭配落地灯，满足了多种场景的照明需求。

④衣帽间尽头设置了通高的镜子，让空间有了无尽的延伸感；梳妆台做了悬浮处理，使空间显得更加轻盈。

⑤设计者打破了传统客厅空间的布局，以茶几为中心，将家具呈围合式摆放，自由组合的沙发将空间打造成具有流动性的无边界空间。金色凳子具有镜面效果，是客厅中画龙点睛般的存在。

好好住 ID
上海目心设计研究室

复古的家
大人、小孩各得其乐

面积	户型	造价
80 平方米	2 室	28 万元

位置	居住状态	
重庆 沙坪坝	有娃家庭	

设计者
重庆上夏空间
设计事务所

主案设计
王攀

原始平面图

改造后平面图

作品说明

　　屋主是 6 岁孩子的母亲，也是一位创业者，她希望自己的家里有温馨的氛围，不要像传统家庭那样刻板，但也不要过于"小清新"。屋主的孩子正处在充满好奇、想象力丰富、开始向外探索的年纪，正在学习打鼓。屋主希望家对孩子来说是个有趣的地方。

　　步入这套 80 平方米的房子，空间中的色彩恰到好处地为整个家定下温暖、富有生命力的基调，而圆弧形线条的家具让家充盈着时髦、灵动的活力。色彩，不仅仅是颜色，更是情绪的调节器。人每天从环境里获得的信息大约有 80% 是通过视觉传达的，空间的色彩会影响人的身心感受，对孩子来说尤甚。设计者选择了大豆黄、胭脂粉、铁锈红作为客厅墙面的颜色，它们都是带有不同灰度的暖色，营造出一种复古、温暖的氛围。颜色虽丰富，但不会艳丽得过于刺眼，是适合长期居住的空间。女屋主的房间特意定制了黏土粉的丝绒床靠，让人感受到一种亲和力。儿童房使用的青绿色则有稳定情绪、使人平心静气的作用，对孩子的休息和学习有积极的作用。孩子在客厅可以撒欢地玩，在自己的房间可以安静地学。

评委会点评

　　肉蔻色调的温柔空间，色彩、层次划分得当，质感统一、和谐，陈设选款与装饰造型之间存在很好的呼应，是完整度很高的设计案例。

①墙面分色结合了多种方式，有的是用几何方块增加空间感，有的是颜色跟随结构分色，增加了空间的纵深感，也丰富了平面的层次。墙面的分色边界处延伸出双头壁灯，点亮空间。

②沙发的摆放方式并没有按照传统方式中正对着投影幕布，而是把主角从屏幕变成人，全家人围坐在一起，交流更紧密。

③公共区域的暖色调偏多，为了让这里看起来不过分甜腻，设计者加入

了一些重色。厨房用深色橱柜，把手等细节处用黄铜元素来提亮，提升小空间的设计感。

④进门处特别为孩子准备了练鼓区，白色的架子鼓与白色沙发隔空相对，也成为彩色房间里的焦点。

⑤儿童房用清爽的青绿色和中性灰调的家具平衡公共区域的暖色调，柔和的绿色系让孩子学习更加专注，睡眠更加安静。

一个沙发引发的配色实验

面积	户型	造价
100 平方米	2 室	80 万元

位置	居住状态	
北京 西城	两口之家	

设计者
北京太空怪人
室内设计事务所

主案设计
潘小阳、杨昕、
赵子健

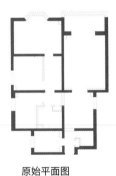

原始平面图

改造后平面图

好好住 ID
太空怪人室内设计事务所

作品说明

　　整个空间的软装色彩搭配灵感源于屋主的一款深蓝色梵几牌沙发。屋主特别喜欢这款沙发，在设计初期就表示了强烈的保留意愿。沙发的造型比较特别，方方正正、有棱有角，色彩和细节都跟普通的沙发截然不同，在常规中带有一些跳脱。沙发给人的感觉和屋主自身的性格、从事的职业契合度很高，很符合屋主独特的气质。

　　因此设计者将沙发作为整个空间的核心元素，先提取了沙发的颜色，将深蓝色作为空间的主色，另取出对比色——橘粉调的三文鱼色。两种颜色在色相和明度上完全相对，这种颜色的碰撞使空间更有年轻感。

　　除了两种强对比的颜色，为了让空间色彩更有层次感，设计者又提取了和蓝色相邻的墨绿色作为衔接色。全屋的地板是屋主很喜欢的胡桃木地板，而墨绿色同胡桃木色搭配起来非常协调，也能与植物壁纸和整个空间的自然氛围相呼应。

　　设计者通过运用对比色加衔接色的方式来调节空间给人的感受，让它既有跳脱感，又不致于过于幼稚、浮夸。

评委会点评

　　个性丰富的色彩运用和成熟的配色技巧，提升了空间的艺术调性，并赋予其充沛的活力。恰到好处的曲线元素也是该设计的亮点，空间由此变得更加有趣和富有想象力。设计者将生活艺术化，也把艺术融入生活。

①设计者保留了屋主原有的沙发，在空间上做了色彩的互补和对比。局部深蓝色的墙、卧室深蓝色的天花，跟沙发同色相呼应，另一边则是橘粉调的墙面。

②设计者在空间造型上增加了一些活泼的弧线元素。例如，圆弧形的门洞和墙面的弧形分色，具有弧形元素的地毯、方形的玻璃面搭配圆柱形的茶几腿，通过镜面反射让陈设显得更加有趣味性。这是一种便于实现的，又能很好地起到"软化"空间作用的手法，通过颜色与明度、直线与曲线的对比，给空间增添了活力。

③这是主卧的书房区，电脑后方做了一个黄铜窗洞造型，灵感源于月亮洞和端景台。书房有很好的采光，即便是个很小的书房，借由窗洞形

成透视关系，也不会让人觉得压抑、闭塞。

④吧台区台面是悬挑的，弧形银镜嵌入墙面，与墙面齐平，和沙发区的橘粉调弧形一左一右，中间填充乳白色墙面和天花，层高得到进一步的拉伸，向上引导视线。矮墙高度在视线下方，不遮挡视线，窗户的光线能从客厅一直进到餐厅，起到照明的辅助作用。

⑤卫生间用了亮面马赛克砖。设计者也在寻求卫生间和其他空间的色彩呼应关系。作为常年不关门的暗卫，从主卧能看到卫生间的墙面，下半墙为墨绿、上半墙为粉色，愉快呼应了主卧中床背的粉色对应的植物壁纸。

轻硬装
用设计单品打造品质之家

面积	户型	造价
134 平方米	3 室	30 万元

位置	居住状态	
湖北 武汉	独居	

设计者
桃弥空间设计

主案设计
李文彬

原始平面图

改造后平面图

作品说明

本案例是桃弥空间设计总监的新家，设计需求是舒适、宜居、安静、好打理；居所没有明显的风格，装修成本不太高，重点投资能切实提升生活品质的硬件。这个家应该是屋主舒缓情绪的空间，也是屋主平衡内心世界的良药。

原玄关区域的边界比较模糊，设计者借助吊顶做了分区，屋主入户时便不会感到压抑。鞋柜为悬浮安装，在视觉上显得更轻盈、美观。客厅采用无主灯设计，顶面特别干净，白色乳胶漆带有一点反光的质感。家里原本预留了窗帘盒位，但因为长虹玻璃有遮挡的效果，所以没有安装窗帘。走廊尽头是一尊迎接客人的石雕，由屋主的友人相赠，显得庄严而亲切。

书房门的设计是一处亮点，并非常见的折叠门或移门，而是双开门，有一种独特的仪式感。装饰画不是固定在墙上的，而是参照艺术馆的做法，在顶上安装加固条，用铁丝挂在顶上。这样做的好处是不会留下钉眼，从而破坏墙面，即使移走装饰画，墙面还是美观的，而且各种尺寸的装饰画都可以轻松挂上去。

卧室的家具数量屈指可数，墙面没有任何装饰品，显得空间干净、清爽。靠窗处一把扶手椅与绿植相伴，成为令人享受的一角。卧室是内开内倒的飘窗，常见的窗帘在安装后都会影响开窗，所以设计者定制了活动百叶窗，虽然不能完全遮光，但相较于传统的木百叶更轻便，并且边框可以做得很窄，整体效果更好。

评委会点评

作为设计者的屋主，应该是最能清醒分析自己真实需求的屋主了。特别欣赏设计者在设计这套自宅时的张弛有度，不刻意追求装饰主义，把自己真正想要的生活状态和审美喜好结合得恰到好处，细节之处无不透露着屋主自身的品位和爱生活的特质。

①玄关区域的边界比较模糊，所以设计者在吊顶做了分区，在其周围贴了细腻的石膏线条。鞋柜在玄关右侧，一进门就会看到，薄薄的鞋柜厚度约为 18 厘米。

②客厅是无主灯设计，公共区域只有 4 个射灯，主要在玄关区域。灯光设计与个人生活习惯有关，没有所谓的标准答案，也没有哪种设计更高级的说法，适合自己的就是最好的。

③原本的阳台被拆掉后被纳入餐厅，使得餐厅的空间变得非常宽敞。餐桌选择了中式圆桌，餐厅的灯源头朝下，这样光才能正好打在餐桌上，从而创造良好的用餐环境。大大的落地窗前，白纱飘飘，一株绿植随风婆娑起舞，就餐的情调、氛围全有了。

④书房墙面选择了带有灰度的粉色，天花也一并涂刷颜色。全屋选择了纯白色的地板，不仅在视觉上有放大空间的效果，而且更像一块干净的画布，将装饰物更好地凸显出来。

⑤木质百叶窗颇具欧洲小镇的风情，窗前一把充满设计感的扶手椅，一棵高挑的爱心榕，这里就是屋主最惬意的地方。

20
50 营造家奖
Niceliving
Awards
2020

第七章
西门子家电最佳厨房解决方案

篇首解读

王俊宏

所有设计，都是为了解决居住者的空间使用问题。在评选过程中，我看到许多来自不同背景与年龄层的设计师，他们努力将自己的设计理想投射于作品中。在评选过程中，我看到许多新颖的设计观点，其中也体现了世代的差异，更看到有些设计师急于表现设计感，忽略了居住者的需求。

与商业空间的炫技不同，所有居家设计都是从生活出发，要满足衣、食、住、行、育、乐的需求。在评选过程中，我始终坚持一个中心思想，那就是"一个人可以有很多房子，但家，永远只有一个"。设计者是否做到了换位思考，把家居设计当成设计自己的家一样细致？能否通过巧妙的设计解决居住者的困扰，达到优化生活的目的？

厨房是凝聚家人情感的核心空间，好的设计甚至可以增进家人的互动、改善彼此的关系。我很欣慰地在评选作品中看到不少年轻设计师提出了超乎期待、让人赞赏的厨房空间解决方案，也看到一些年轻设计师只顾说出自己的设计故事而忘记"设计来自生活"。创新是件好事，但人体工学的设定、材质的选择与清洁维护的实用需求、空间配置与动线合理性等设计基本功丝毫不能偏废。

很高兴设计师们能够拥有"营造家奖"这个公平竞争的平台，身为评审之一，我不仅从中再次确认了设计的价值，也期待这个舞台能长久存在，让所有设计师在独特的比赛过程中共同成长。

以厨房为核心的家

餐厨空间面积	餐厨空间造价	位置	居住状态
14 平方米	15 万元	上海 黄浦	独居

设计者
上海费弗空间
设计有限公司

主案设计
费崎峰

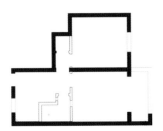

原始平面图

改造后平面图

图注

①本案例为餐厨一体设计，设计者在中岛底部使用灯带环绕，营造一种悬浮感，使小空间里的中岛显得不那么笨重。中岛右侧是一整排柜体，集合了橱柜、冰箱、书柜、书桌，功能超级强大。

②在改造后的户型中，卫生间是干湿分离的，洗手区被外移，相邻的柜体做成了斜切柜。设计者也顺势将岛台做成斜切的造型，保证了餐厨动线的流畅。

③因为屋主从卧室出来就能看到橱柜，所以橱柜、灶台要做得更美观。灶台台面使用了超薄板，厚度只有 1 厘米；藏油烟机的柜体使用了木色，显得既不死板又不破坏整体格调，而且具有层次感；嵌入式的冰箱使橱柜与灶台区域显得更加干净、整洁；灶台正下方安装了碗篮，右下方安装了调味篮，满足了屋主日常烹饪的需求；灶台背后采用质感出色的不锈钢材质，既美观又好打理；橱柜下方也全部安装了灯带，光线不刺眼，照明效果非常好；中岛安装了大水槽，洗菜更方便，而且盖上大水槽上方的不锈钢板还能扩展操作台面。

好好住 ID
FFstudio

像咖啡馆一样的
纯白色厨房

餐厨空间面积	餐厨空间造价	位置	居住状态
10 平方米	8 万元	北京 朝阳	有娃家庭

设计者
JORYA 玖雅

主案设计
甘棠

原始平面图

改造后平面图

好好住 ID
JORYA 玖雅

图注

① 为了更合理地利用空间，设计者选择了定制家具，可以更好地规划电器布局。4 个嵌入式电器分别是烤箱、蒸箱、咖啡机和洗碗机，表面都使用了超白玻璃，使得整体视觉效果非常统一。冰箱也是嵌入式的，与定制柜严丝合缝地搭配在一起，实现了完美隐身。

② 因为餐厅和厨房的面积仅为 10 平方米，所以设计者大面积采用白色系，营造一种宽敞、明亮的视觉效果。

③ 两组吊柜的转角衔接处无法安装柜体，正好可以改造成磁吸墙，屋主可以随性地创作黑板报，再配上厨房里弥漫的烤面包香气和咖啡香味，在这里如同置身于咖啡馆。

隐藏着
空中酒吧的厨房

餐厨空间面积	餐厨空间造价	位置	居住状态
10 平方米	10 万元	湖北 武汉	两口之家

设计者
武汉小小空间
事务所

主案设计
小小设计团队

作品说明

　　原户型是东北朝向、单向采光，原厨房位于南侧角落，是典型的暗厨，而且入口狭窄、格局幽深，使用起来非常不便。因此，改善采光和优化格局、动线是此次厨房设计的重点。

原始平面图

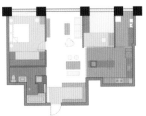

改造后平面图

好好住 ID
武汉小小空间事务所

图注

①设计者拆除了原来占据空间中心位置并遮挡厨房采光的小卫生间，将厨房从逼仄的角落中解放出来；为厨房以北的书房和储物间换上长虹玻璃移门，最大限度地将室外光线引入厨房，将暗厨点亮。同时，设计者围绕无法拆除的原始管井设计了洄游动线，将四人餐桌和两人吧台分别布置于管井两侧，形成开放式厨房、简餐吧台与餐桌串联的餐厨空间。这里有两条进入厨房的通道，左边与客厅共用的通道更宽，右边的通道距玄关更近，方便屋主买菜回家后第一时间将食物转移到厨房。

②在厨房操作区域的光线设计上，设计者也下足了功夫。为了保证实木搁板的简洁，又想让台面上方见光不见灯，设计者大胆尝试了实木开槽藏灯的工艺，最终呈现的效果令人非常满意。尤其是在侧墙上投下的光束角，堪称舞台级的完美打光。满足台面的实用照明需求后，软装灯具只需负责营造柔和的光线气氛即可，黑色的灯座和线条在此与空间整体风格呼应。

③厨房内部 L 形的操作台面总长超过 5 米，冰箱、水槽、灶台搭配形成便利、流畅的"拿—洗—切—炒—盛"动线，搭配可供两人使用的小吧台作为小型中岛，在这里备餐、用简餐、小酌，都是非常惬意的。

三代人的
"欢喜小居"

餐厨空间面积	餐厨空间造价	位置	居住状态
8 平方米	10 万元	上海 杨浦	三代同堂

设计者

大海小燕建筑
设计工作室

主案设计

燕泠霖

作品说明

　　三代人居住在 40 平方米的小屋里，原厨房拥挤不堪，堆满了物品，餐桌有时也需要作为厨房的操作台，生活十分不便。设计者采用行为分析法，引入时间维度，将三代人的起居用睡眠舱的形式安排到卧室，在剩下的公共空间里设计了纯开放式的餐厨空间。

原始平面图

改造后平面图

好好住 ID

大海小燕

图注

①得益于靠边的收纳区域，设计者在房屋的中心区域设计了西厨中岛和餐桌，增加了厨房的收纳空间，也形成了围绕中岛的洄游动线。

②在这个餐、厨、客综合体中，设计者还设计了将空调、灯具、门、钢琴全部嵌入的书架墙，餐厅、客厅的物品也可以在这里得到收纳和展示。

③设计者将收纳区域全部靠边，增加厨房的操作台面，同时用一组高柜容纳蒸烤箱、保温抽屉。设计者在厨房区域不仅安装了洗碗机，还在水槽下方设计了全屋中央净水设备和中央软水设备。

隔而不隔
界而未界

餐厨空间面积	餐厨空间造价	位置	居住状态
7.5 平方米	5 万元	浙江 杭州	两口之家

设计者
MAI architects

主案设计
郑颖华

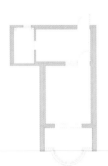

原始平面图

改造后平面图

好好住 ID
麦糊烧小姐

图注

①厨房的核心设计理念是"隔而不隔，界而未界"：厨房和起居室之间有墙体分隔，但人的视线却是通透的、不受阻挡的；通过限定地台、走廊和吧台的高度来建立边界，但人在空间中的活动是连续且不被边界打断的。设计者以拱门为界，划分厨房和卫生间。

②③
厨房采用经典的I形布局，右侧为烹饪区，左侧为操作区，电器和柜体紧密结合。吧台结合门洞设计，强调视线的通透感。操作台面连续且完整，便于日常备餐、出菜，以及进出门的杂物摆放。靠近玄关一侧设置了鞋柜，达到紧凑有序、动线顺畅的效果。

在收纳方面，高柜内集中归置电器，从左到右依次为洗衣机、烘干机、热水器、烤箱、油烟机；吧台内安放嵌入式洗碗机和前置净水器。除此之外，强弱电箱也在铺设水电时移到了柜子内部，整体视觉效果更简洁。

橱柜的材质主要为芸香木、亚白色烤漆板、白色石英石，灶台墙面选用了整块石英石板，美观大方、便于打理。橱柜由木工根据施工图现场制作，柜体内板材为免漆饰面板，外露部分用木工板打底，贴3毫米厚天然木饰面。橱柜柜门均为平板门，连暗把手上的线条也去掉了，以保证整体风格足够清爽，但在橱柜和台面之间设计了一条2厘米宽的细缝，可以保证手指刚好能够探入并开启柜门。高柜内安装反弹器，吊柜则不需要做任何处理，直接开启即可。

吊柜底部设计了感应灯带，保证操作台有足够的光照且不背光。燃气热水器的柜子底部安装了隐形百叶通风扇，保证通风透气的同时又不影响柜体的完整性。

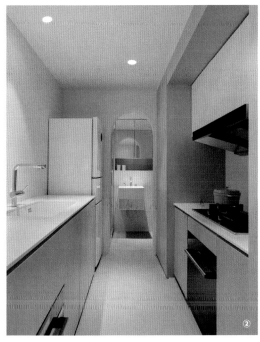

自由、开放的
厨房设计

餐厨空间面积	餐厨空间造价	位置	居住状态
8 平方米	4.2 万元	北京 朝阳	两口之家

设计者

北京七巧天工
设计

主案设计

王冰洁

作品说明

　　本户型为南北朝向，是典型的窄长结构式老房，并且入户门与厨房、卫生间之间的走廊狭长、利用率低，厨房的使用面积不足 4 平方米。设计者拆除了两面墙，将厨房的使用面积扩大到 8 平方米，解决了入户走廊狭长的问题，使厨房空间变得通透。

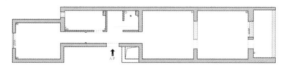

原始平面图

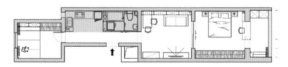

改造后平面图

图注

①这不足 10 平方米的厨房里配备了软水机、净水器、蒸烤一体机、洗碗机、油烟机、灶具，可谓"麻雀虽小，五脏俱全"。厨房的油烟机和灶具带蓝牙联动功能，保证开火时能及时抽走油烟。

②厨房、卫生间之间的墙壁设计成双向收纳柜，由木工现场制作，一部分归厨房使用，用于放小型电器，另一部分搭配玻璃归卫生间当壁龛使用，起到分隔厨房和卫生间的作用。同时，收纳柜还隐藏了室内的煤气管道。

③灶台下方安装了嵌入式智能蒸烤一体机，蒸烤机下方的剩余空间也没有浪费，做成了抽屉，可以用来收纳餐具。蒸烤机的右边安装了独立式洗碗机，两台机器的中间剩余宽度安装了拉篮，可以收纳调味用品，避免厨房台面变凌乱。设计者特意将洗碗机上部的台面厚度改薄，保证操作台高度齐平。

气质设计
品质生活

餐厨空间面积	餐厨空间造价	位置	居住状态
35 平方米	22 万元	浙江 杭州	三代同堂

设计者
浙江麦丰装饰

主案设计
赵艺哲

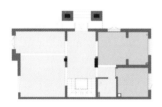

原始平面图

改造后平面图

图注

①厨房分为传统中式区和西式开放区，两个区域由深灰透明玻璃移门隔开，形成一种通而不透的空间感。

②中厨采用简洁的瓷砖和大理石进行装饰，内嵌式家电线条硬朗、形式纯粹，满足了设计所需的整体性。

③中西厨分离，使用起来效率更高。中厨的玻璃移门可随时开合以隔绝油烟。西厨布置了中心岛台，左侧靠窗位置定制了高柜，将烤箱等厨房电器嵌入，保持了空间的完整性。一盏华丽的水晶吊灯作为西厨的中心照明，成为整个空间的视觉焦点。

一个岛台三种高度
让餐厨成为家庭核心区

设计者
重庆 DE 设计
事务所

主案设计
魏勇

餐厨空间面积	餐厨空间造价	位置	居住状态
15 平方米	15 万元	重庆 渝北	两口之家

作品说明

　　传统的中式厨房都是一个独立的空间，一个人关在里面忙碌，多少有些无奈与孤独。现在，餐厨一体设计帮助屋主告别"孤独烹饪"，促进家庭成员之间的交流。

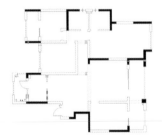

原始平面图

改造后平面图

好好住 ID
重庆 DE 设计事务所

图注

①在施工之前，设计者对厨房的硬软装、设备系统、主材系统等进行了统筹深化，将吧台、厨房中岛与餐桌连接在一起，根据屋主的身高及使用习惯，它们被分别设计为 960 毫米、900 毫米、800 毫米等 3 种高度。设计者通过黑色石材与木材的搭配，再加上嵌入式冰箱、蒸烤箱，提升了整个空间的质感。

②西厨能够带给屋主更好的烹饪、就餐体验，而中厨的设计则以效率至上。U 形布局符合中餐烹饪习惯，左边是燃气灶、油烟机，中间正对窗户的是台盆，右边主要是 13 套嵌入式洗碗机，柜体里安装了全屋净水系统，并收纳了米、油、厨房清洁用品等。

③3 种台面高度形成的中岛加餐桌区域，不仅满足了屋主在功能上的使用需求，更以其错落有致的形态打造了精致又不失趣味性的就餐环境。一条长长的带状吊灯，兼顾了中岛操作台和餐桌两个区域的照明。

用折叠窗
灵活区分中西厨

设计者
良人一室空间
设计

主案设计
金晶

餐厨空间面积	餐厨空间造价	位置	居住状态
15 平方米	5 万元	浙江 杭州	两口之家

作品说明

　　屋主喜欢开阔、明亮的空间，也希望厨房能隔绝油烟，并且向往拥有一个吧台。设计者将原户型的餐厅和厨房打通，增加了西厨功能，利用吧台连接中西厨。随着吧台上折叠窗的打开，原本闭塞的厨房也被打开，还原了吧台的功能，使用场景也变得更灵活，适应了年轻人不同的生活方式。

原始平面图

改造后平面图

好好住 ID
金晶 - 良人一室设计

图注

①吧台的折叠窗使厨房的使用更加灵活。

②吧台旁边的区域设置了西厨，纯白色嵌入式厨电与白色高柜形成一个整体。西厨台面安装了水槽和水龙头，方便日常使用。

③橱柜选择了稳重的墨蓝色与白色，这两种颜色也运用到了餐边柜展示区，与厨房遥相呼应。色彩的呼应、过渡让整个空间拥有了平衡的美感。

为厨房"嵌入"千万种可能

随着个性化定制家居的消费需求的崛起，整合性极高的全案设计时代应运而生，厨房空间的设计也是如此。

在全案设计时代，厨房空间是家的心脏，不仅与客厅、餐厅的连接互动性逐渐增强，其内部厨电与橱柜的嵌入结合也更加高效、完善。厨房空间从过去只考虑功能、忽略设计与互动的"面壁式"封闭烹饪空间，转变为现在逐渐开放、注重设计协调搭配、享受烹饪过程与互动交流的"全能型"空间。

2020"营造家奖"以"共建全案时代"为题，"西门子家电"作为"营造家奖"的老朋友，在品牌认同和理念认同的驱动下，继2018年之后，再次作为"营造家奖"的合作伙伴，与它一同见证更多中国优秀青年设计师的蜕变和更多优秀设计作品的诞生。在参赛的众多作品中，我们欣喜地发现了厨房设计的许多可能性，它们有的在空间配置和动线规划上做到了极为人性化的排布；有的在增进家人互动、改善家庭关系上下了大量功夫；有的在厨电规划上做了智能化和系统化的考量……在这本案例集中，相信你将与我一样，一次次为中国家庭的厨房创新与变化感到惊喜。

科技引领未来，生活与时俱进。在厨房逐渐占据家庭生活重心的当下，承担起厨房革新的责任和使命，为消费者创造最佳厨房解决方案，是"西门子家电"同无数中国家居室内设计师的共同目标。把厨电嵌入厨房，不仅能使业主在空间利用上更加得心应手，还可以打破传统厨房的设计壁垒，给人们带来前所未有的现代厨房新体验。未来，我们也会不断结合前瞻科技与卓越设计，以厨房为中心，将品质与美好体验"嵌入"更多中国家庭的生活。

博西家电大中华区厨房电器事业部高级副总裁
叶格先生

以专业之心，致每一份托付

　　家，对于中国人来说从来都不是简单的一个字，它是一个能容许我们肆意哭笑、重整行装的地方；一个能让我们倾尽心血、奋斗不止的地方。

　　对于家的设计与装修，大多数人一直存在着"轻硬装、重软装"的误区，把过多的金钱和精力投入到外在的视觉体验上。重视颜值当然没错，但是硬装，特别是一些隐蔽工程的质量和细节如果处理不当，会为日后使用空间带来极大的不便，而这些装修细节和干货知识对于业主而言并不友好，需要他们花大量的时间成本去学习和了解。

　　通过"营造家奖"，我们很欣喜地了解到如今的新锐年轻人愿意为空间设计付费，他们聘请专业的设计师全程把控家的装修设计，这对于规避家装隐蔽工程中的安全隐患起到了极大的作用。作为2020年"营造家奖"的合作伙伴，"VASEN伟星"与"好好住"力求在"共建全案时代"的理念基础上，寻找中国家居室内设计最具潜力的新锐设计师，让更多中国家庭能享受到真正的家居室内设计服务。"营造家奖"不仅仅关注设计，更关注人与生活态度，力求用专业的设计为中国家庭构建美好的生活方式，这与我们的使命不谋而合。

　　我们希望从家开始，与每一位室内设计师一起，保持专业之心，潜心研究用户需求，用创新产品、舒适的家居系统和特色服务等一体化解决方案，为用户打造全屋系统，满足人们对美好生活的向往。我们知道，那些为生活所奋斗的理想，从来不易；点滴累积赢回的美好，值得被好好对待。这一切，从被托付信任的那一刻起……

浙江伟星新型建材股份有限公司总经理助理兼装企事业部总经理
苏烈强先生

营造家奖
Niceliving
Awards

"营造家奖"是由"好好住"于 2017 年发起的面向中国家居室内设计师群体的年度设计赛事，旨在为年轻设计师提供舞台，挖掘室内设计行业新秀，同时推动整个行业的沟通与发展，从而促进中国家居室内设计行业蓬勃兴旺地发展，让更多中国人享受到真正的私宅设计服务。

自创办以来，"营造家奖"受到了"好好住"App 上数千万家居装修消费者和 5 万名设计师的关注，成为"好好住"一年一度的盛事。许多获奖的青年设计师更是以此为平台，跃上世界级赛事的舞台，凭借实力屡获大奖，成为备受行业瞩目的新星。

2020 年，"营造家奖"收到了来自全国各地 3 033 位设计师的 7 720 个作品，作品数量在疫情之下逆势实现了超 30% 的涨幅。本届大赛邀请了来自中国（含港台）、日本、法国的业界大咖组成评审团，从近 8 000 个真实作品中甄选出优秀作品。这些作品不仅是本届"营造家奖"最优秀的参赛作品，也在某种程度上代表了中国私宅设计领域的最高水准。

最好的设计，是为了营造真实而美好的居住生活；最好的设计师，是万千美好生活的"营造家"。